U0315383

实用农村环境保护知识丛书

农村生活垃圾
分类模式及收运管理

邰 俊　史昕龙　赵爱华　赵由才　编著

北 京
冶 金 工 业 出 版 社
2019

内 容 提 要

本书共分5章，内容包括我国农村生活垃圾治理概况、农村生活垃圾源头分类模式、生活垃圾"村收集、镇转运"技术、村镇生活垃圾适用收运技术及装备、上海市农村生活垃圾分类管理机制等。

本书可供科研院所的环境工程专业技术人员阅读，也可供高等院校相关专业师生参考。

图书在版编目（CIP）数据

农村生活垃圾分类模式及收运管理/邰俊等编著 . —北京：冶金工业出版社，2019.12

（实用农村环境保护知识丛书）

ISBN 978-7-5024-8246-6

Ⅰ.①农… Ⅱ.①邰… Ⅲ.①农村—生活废物—垃圾处理—研究 Ⅳ.①X799.305

中国版本图书馆 CIP 数据核字（2019）第 217080 号

出 版 人 陈玉千
地　　 址 北京市东城区嵩祝院北巷 39 号　邮编　100009　电话　（010）64027926
网　　 址 www.cnmip.com.cn　电子信箱　yjcbs@cnmip.com.cn
责任编辑 杨盈园　美术编辑 彭子赫　版式设计 孙跃红
责任校对 王永欣　责任印制 李玉山
ISBN 978-7-5024-8246-6

冶金工业出版社出版发行；各地新华书店经销；三河市双峰印刷装订有限公司印刷
2019 年 12 月第 1 版，2019 年 12 月第 1 次印刷
169mm×239mm；8.25 印张；158 千字；120 页
48.00 元

冶金工业出版社　投稿电话　（010）64027932　投稿信箱　tougao@cnmip.com.cn
冶金工业出版社营销中心　电话　（010）64044283　传真　（010）64027893
冶金工业出版社天猫旗舰店　yjgycbs.tmall.com
（本书如有印装质量问题，本社营销中心负责退换）

序　言

据有关统计资料介绍，目前中国大陆有县城 1600 多个：其中建制镇 19000 多个，农场 690 多个，自然村 266 万个（村民委员会所在地的行政村为 56 万个）。去除设市县级城市的人口和村镇人口到城市务工人员的数量，全国生活在村镇的人口超过 8 亿人。长期以来，我国一直主要是农耕社会，农村产生的废水（主要是人禽粪便）和废物（相当于现在的餐厨垃圾）都需要完全回用，但现有农村的环境问题有其特殊性，农村人口密度相对较小，而空间面积足够大，在有限的条件下，这些污染物，实际上确是可循环利用资源。

随着农村居民生活消费水平的提高，各种日用消费品和卫生健康药物等的广泛使用导致农村生活垃圾、污水逐年增加。大量生活垃圾和污水无序丢弃、随意排放或露天堆放，不仅占用土地，破坏景观，而且还传播疾病，污染地下水和地表水，对农村环境造成严重污染，影响环境卫生和居民健康。

生活垃圾、生活污水、病死动物、养殖污染、饮用水、建筑废物、污染土壤、农药污染、化肥污染、生物质、河道整治、土木建筑保护与维护、生活垃圾堆场修复等都是必须重视的农村环境改善和整治问题。为了使农村生活实现现代化，又能够保持干净整洁卫生美丽的基本要求，就必须重视科技进步，通过科技进步，避免或消除现代生活带来的消极影响。

多年来，国内外科技工作者、工程师和企业家们，通过艰苦努力和探索，提出了一系列解决农村环境污染的新技术新方法，并得到广泛应用。

鉴于此，我们组织了全国从事环保相关领域的科研工作者和工程技术人员编写了本套丛书，作者以自身的研发成果和科学技术实践为出发点，广泛借鉴、吸收国内外先进技术发展情况，以污染控制与资源化为两条主线，用完整的叙述体例，清晰的内容，图文并茂，阐述环境保护措施；同时，以工艺设计原理与应用实例相结合，全面系统地总结了我国农村环境保护领域的科技进展和应用技术实践成果，对促进我国农村生态文明建设，改善农村环境，实现城乡一体化，造福农村居民具有重要的实践意义。

赵由才

同济大学环境科学与工程学院

污染控制与资源化研究国家重点实验室

2018 年 8 月

前　　言

　　2010年中央1号文件强调要"稳步推进农村环境综合整治""搞好垃圾、污水治理，改善农村人居环境"。2013年12月17日，住房和城乡建设部印发《村庄整治规划编制办法》，提出编制村庄整治规划应以改善村庄人居环境为主要目的，以保障村民基本生活条件、治理村庄环境、提升村庄风貌为主要任务。2014年5月，国务院办公厅出台《关于改善农村人居环境的指导意见》，目标任务为：到2020年全国农村居民住房、饮水和出行等基本生活条件明显改善，人居环境实现干净、整洁、便捷。2014年11月18日，住房和城乡建设部组织召开全国农村生活垃圾治理工作电视电话会议，启动农村生活垃圾5年专项治理，目标是使全国90%村庄的生活垃圾得到治理。同年12月26日，全国住房和城乡建设工作会议明确提出全面启动村庄规划、深化农村生活垃圾治理。

　　与城市生活垃圾相比，村镇垃圾具有如下特点：产生源点多量少、布局分散、不利收集；生活垃圾组分中煤渣灰分多、有机质少、可资源化物质比例低，同时由于村镇的开放性，各种人为因素，如农家饲养收集泔水、拾荒人员捡拾等，更加剧了村镇生活垃圾中可资源化物质的流失。这些特点使得村镇生活垃圾特别容易受燃料种类、局部开发、节令变化、集市贸易等因素的影响，在产量和组分上发生较强的波动。此外，我国幅员辽阔，南北自然地理与气候条件差异大，东西经济发展不均衡，村镇数量多且规模相对较小，不同区域村镇垃圾产生状况与组分有其各自的特点。但是，与城镇相比，农村地域相对开阔、人口密度较低，对于源头分类具有较好的实施条件。

近几年来，我国部分农村在生活垃圾分类工作上因地制宜进行了探索和尝试，以浙江省金华市的成效最为突出，上海市在垃圾分类方面也开展了较多的探索和尝试。本书系统介绍了农村生活垃圾源头分类的政策、推进情况、案例，并结合相关研究提出了村镇生活垃圾分类收运体系构建的方法，为村镇生活垃圾全程分类收运模式的构建提供参考。本书读者可以是高等学校师生、职业学校师生、高中生，以及环境工程工程师、政府和企业技术和管理人员等。

本书引用的文献资料在参考文献或文中尽可能列出，但由于作者有可能在撰写时出现疏忽，某些文献可能被遗漏，请原作者谅解。

本书编写分工为：第 1 章由赵爱华、邰俊编写，第 2 章由戴迎春、吴冰思编写，第 3 章由史昕龙、毕珠洁编写，第 4 章由许碧君、谭和平编写，第 5 章由毕珠洁编写。

由于作者水平所限，本书若有不妥之处，敬请读者批评指正。

作者

2019 年 6 月

目　　录

1 我国农村生活垃圾治理概况 ……………………………………………… 1
1.1 农村概况 …………………………………………………………………… 1
1.2 治理情况 …………………………………………………………………… 1
1.3 农村生活垃圾分类政策 ………………………………………………… 3
　　1.3.1 国家政策 …………………………………………………………… 3
　　1.3.2 地方政策 …………………………………………………………… 4
1.4 农村生活垃圾治理典型案例 …………………………………………… 8
　　1.4.1 浙江省金华市 ……………………………………………………… 8
　　1.4.2 浙江省宁海县 ……………………………………………………… 9
　　1.4.3 浙江省安吉县 ……………………………………………………… 10
　　1.4.4 江苏省南京市 ……………………………………………………… 10
1.5 主要进展 …………………………………………………………………… 12
1.6 存在问题 …………………………………………………………………… 13

2 农村生活垃圾源头分类模式 ………………………………………… 15
2.1 农村分类模式 …………………………………………………………… 15
　　2.1.1 欧盟 ………………………………………………………………… 15
　　2.1.2 美国 ………………………………………………………………… 15
　　2.1.3 日本 ………………………………………………………………… 15
2.2 农村生活垃圾产生量 …………………………………………………… 16
　　2.2.1 不同地区农村生活垃圾产生量 …………………………………… 16
　　2.2.2 不同地区农村生活垃圾产生量的影响因素 ……………………… 18
2.3 农村生活垃圾理化特性 ………………………………………………… 18
　　2.3.1 不同地区农村生活垃圾理化特性 ………………………………… 18
　　2.3.2 影响农村生活垃圾理化特性的因素 ……………………………… 20
2.4 农村生活垃圾分类意愿调查 …………………………………………… 21
　　2.4.1 调查方式和目的 …………………………………………………… 21
　　2.4.2 调查结果 …………………………………………………………… 22
2.5 基于末端处置设施的农村生活垃圾的分类模式 …………………… 26

2.5.1 农村餐厨垃圾收运处理 ……………………………… 27
2.5.2 农村大件垃圾收运 ……………………………………… 29
2.5.3 农村有害垃圾收运 ……………………………………… 29

3 生活垃圾"村收集、镇转运"技术 ……………………… 31
3.1 收运网络智能决策系统构建 ……………………………… 31
3.1.1 村镇收运模式分析 …………………………………… 31
3.1.2 中转站规划 …………………………………………… 34
3.1.3 村镇收运路径优化 …………………………………… 36
3.1.4 中转站效率评价 ……………………………………… 36
3.2 村镇收运模式分析 ………………………………………… 37
3.2.1 模型构建 ……………………………………………… 37
3.2.2 实证研究 ……………………………………………… 43
3.3 村镇垃圾中转站选址优化 ………………………………… 48
3.3.1 模型构建 ……………………………………………… 49
3.3.2 实证研究 ……………………………………………… 53
3.4 村镇垃圾收运路线优化研究 ……………………………… 57
3.4.1 村镇垃圾收运路线问题的描述 ……………………… 58
3.4.2 模型构建 ……………………………………………… 59
3.4.3 实证研究 ……………………………………………… 62
3.5 村镇垃圾中转站效率评价研究 …………………………… 66
3.5.1 模型构建 ……………………………………………… 66
3.5.2 实证研究 ……………………………………………… 73
3.6 村镇生活垃圾物流体系绩效评估模型 …………………… 85

4 村镇生活垃圾适用收运技术及装备 ……………………… 88
4.1 国内外生活垃圾收运技术装备分析 ……………………… 88
4.2 村镇生活垃圾收运技术及装备优化 ……………………… 90
4.2.1 收运技术选择 ………………………………………… 90
4.2.2 收运装备选择 ………………………………………… 90
4.2.3 村镇生活垃圾收集环节实用技术 …………………… 91
4.2.4 生活垃圾中转环节实用技术 ………………………… 93
4.3 村镇生活垃圾收运标准化技术体系构建 ………………… 97
4.3.1 垃圾桶 ………………………………………………… 97
4.3.2 垃圾收集点（站） …………………………………… 97

4.3.3 垃圾转运站设置研究 ······ 103

4.4 村镇生活垃圾收运规程 ······ 103

4.4.1 总则 ······ 103

4.4.2 一般规定 ······ 104

4.4.3 生活垃圾排放和收集运输 ······ 104

4.4.4 生活垃圾收运配套机械设备 ······ 105

5 上海市农村生活垃圾分类管理机制 ······ 107

5.1 垃圾分类管理情况 ······ 107

5.1.1 松江区 ······ 107

5.1.2 奉贤区 ······ 110

5.1.3 崇明区 ······ 113

5.2 农村垃圾治理长效管理机制 ······ 114

5.2.1 顶层设计 ······ 114

5.2.2 基层管理 ······ 115

5.2.3 保障措施 ······ 116

5.2.4 主要经验 ······ 116

5.2.5 对策建议 ······ 117

5.3 长效管理机制建议 ······ 117

参考文献 ······ 119

1 我国农村生活垃圾治理概况

1.1 农村概况

我国大部分村镇存在范围广、外部性强的共性，同时受地理特征、经济发展水平、人口密度及分布、服务范围、气候条件等多个因素影响，我国农村的区域性特色十分明显，可以分为三类：第一类是经济发达型农村。这类农村主要特点是人口密度大、分布较为集中，整体发展水平高、城乡一体化水平高，主要分布在我国东部地区。第二类是发展型农村。这类农村正处于城乡一体化快速发展时期，能较快实现城乡一体化，人口相对集中。第三类是经济落后型农村。一般地理位置偏远，人口居住较为分散，难以统一和及时收集垃圾，实现城乡一体化的难度较大。第二、第三类村镇主要分布在我国中、西部，东北地区。

目前推进垃圾分类的农村主要为第一类，一般具有以下特征：

（1）从经济水平上看，包括具有庭院特征的村民，一般有养殖（如家禽、家畜）、有农田（或林草地），属于传统意义上的村民；以及社区居民，他们居住密度低，许多是独立的住宅，甚至有单独的庭院，他们的收入水平往往高于村民。

（2）从产业结构上看，近郊的各村镇产业主要以工业、现代服务业为主；远郊的各村镇产业主要以农业、深加工产业为主。但各种产业并非单独存在，在主导产业的带动下，基本均为综合性发展，由于辐射范围大、聚集能力相对较强，需要大量的知识人才和专业劳动力，这部分村镇的外来人口较多，往往高于当地的户籍人口。

（3）从居民聚集程度和分布形式上看，现有的村民居住逐步向城市化过渡，且集中聚集越来越高。目前一户、两户分散类型的居住形态几乎没有，多为小区型的全部集中或沿道路的相对集中；分布上多以生产小组、生产队、自然村为单位，若干个单位呈点状、线状或块状布局，组成1个行政村。

1.2 治理情况

近年来，随着城乡一体化进程和新农村建设的加快，以农村为主的村镇垃圾管理越来越受到重视，管理压力也日益突出。2014年，全国农村生活垃圾年产量1.1亿吨，约有0.7亿吨未做任何处理，只有36.0%的行政村设有垃圾收集点，51.8%的行政村对生活垃圾进行了处理。在经济较发达地区周边的农村，建立了比较有代表性的"户收集、村集中、镇转运、县（市）集中处理"的城乡一体化模式，但由于成本较高，在经济欠发达地区的农村推广有一定的难度。虽然总体看来村镇垃圾处理水平的高低与当地城乡一体化水平密切相关；但也有研究认为，就村镇垃圾处理而言，基于分类处理、分散与集中相结合的技术路线，比全集中或全分散更加有效。虽然城乡一体化是当今村镇垃圾管理的主流思路，但受经济投入、人口密度、生活习惯等各种条件的制约，村镇垃圾收运处理体系的设计和建设很难完全与城市保持一致，需要结合实际、因地制宜。

目前国内城市生活垃圾的管理模式已相对清晰：在垃圾处理方面，85%以上都是集中后进行卫生填埋和焚烧发电；在垃圾收运方面，随着城市规模的扩大和垃圾处理设施选址的日益偏远，转运模式越来越普遍；在垃圾收集方面，大中型城市基本都已做到垃圾日产日清；在垃圾分类方面，干垃圾、湿垃圾、有害垃圾、可回收物的分类方法应用较多。相较而言，村镇垃圾管理模式则相对复杂，分散处理、就近处理、统筹处理等各种模式都在探索之中。

从推进情况来看，2014 年全国农村生活垃圾治理呈现"三五六"格局，全国 54.67 万个行政村中，没有设置垃圾收集点的农村占总数量的三成以上；没有对生活垃圾进行处理的农村超五成，有 14 个省不到 30%，有少数省甚至不到 10%，农村生活垃圾超六成没有处理。2015 年，各项工作得到显著改观，全国已开展农村整治工作的村庄占全部行政村比例的 50.24%，对生活垃圾进行处理的行政村占比 62.2%，全年农村环境卫生资金投入达 206 亿元。2009~2015 年农村生活垃圾处理及财政投入情况如图 1-1 所示。

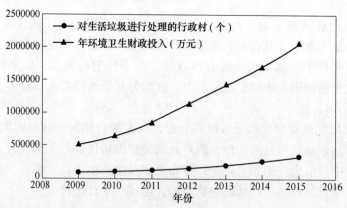

图 1-1　2009~2015 年农村生活垃圾处理及财政投入

根据《农村生活垃圾治理验收办法》，四川省（2015 年 12 月）、山东省（2016 年 3 月）、江苏省（2016 年 5 月）、上海市（2016 年 6 月）等省市纷纷通过了住建部农村生活垃圾治理工作的验收。2016 年，全国农村生活垃圾处理率达到了 60%。

1.3 农村生活垃圾分类政策

1.3.1 国家政策

农村生活垃圾在 2010 年前后开始受到国家和地方政府的关注。2010 年中央 1 号文件提出要"稳步推进农村环境综合整治"。2013 年 12 月住房和城乡建设部印发《村庄整治规划编制办法》。2014 年 5 月国务院办公厅出台《关于改善农村人居环境的指导意见》。2015 年 11 月，住房与城乡建设部会同发改委、财政部、环保部、农业部等 10 个部门下发了《关于全面推进农村垃圾治理的指导意见》（建村〔2015〕170 号），要求全面治理农村生活垃圾，对农村生活垃圾分类后就地减量，推进农业生产废弃物资源化利用，并首次提出了农村垃圾五年治理目标，因地制宜建立"村收集、镇转运、县处理"的模式。根据该指导意见的要求，2015 年 12 月，10 部门组织制定了《农村生活垃圾治理验收办法》，旨在做好农村生活垃圾分类治理验收工作。

2017 年 6 月，住建部办公厅发布《关于开展第一批农村生活垃圾分类和资源化利用示范工作的通知》（建办村函〔2017〕390 号），在各地推荐基础上，经组织专家复核，决定在北京市门头沟区等 100 个县（市、区）开展第一批农村生活垃圾分类和资源化利用示范工作。开展示范的县（市、区）要在 2017 年确定符合本地实际的农村生活垃圾分类方法，并在半数以上乡镇进行全镇试点，两年内实现农村生活垃圾分类覆盖所有乡镇和 80% 以上的行政村，并在经费筹集、日常管理、宣传教育等方面建立长效机制。农村生活垃圾分类第一批示范县（市、区）名单见表 1-1。

表 1-1　第一批农村生活垃圾分类和资源化利用示范县（市、区）名单

省（直辖市、自治区）	示范县/市/区	省（直辖市、自治区）	示范县/市/区	省（直辖市、自治区）	示范县/市/区
北京市	门头沟区	内蒙古自治区	鄂尔多斯市伊金霍洛旗	吉林省	通化市通化县
北京市	怀柔区	内蒙古自治区	兴安盟阿尔山市	吉林省	白山市抚松县
北京市	延庆区	内蒙古自治区	阿拉善盟阿拉善左旗	吉林省	白城市镇赉县
河北省	邯郸市邱县	辽宁省	丹东市东港市	上海市	松江区
河北省	保定市满城区	辽宁省	辽阳市辽阳县	上海市	奉贤区
山西省	长治市长子县	辽宁省	抚顺市新宾满族自治县	上海市	崇明区
山西省	晋中市灵石县	辽宁省	盘锦市大洼区	江苏省	南京市高淳区
山西省	忻州市岢岚县	吉林省	辽源市东辽县	江苏省	徐州市沛县
内蒙古自治区	包头市九原区			江苏省	泰州市高港区
				浙江省	宁波市象山县

省（直辖市、自治区）	示范县/市/区	省（直辖市、自治区）	示范县/市/区	省（直辖市、自治区）	示范县/市/区
浙江省	嘉兴市海盐县	河南省	许昌市禹州市	贵州省	黔东南苗族侗族自治州麻江县
浙江省	湖州市德清县	河南省	济源市	贵州省	遵义市湄潭县
浙江省	湖州市安吉县	河南省	兰考县	贵州省	安顺市西秀区
浙江省	金华市金东区	河南省	汝州市	云南省	楚雄彝族自治州大姚县
浙江省	金华市浦江县	湖北省	武汉市东西湖区		
浙江省	衢州市江山市	湖北省	宜昌市夷陵区	云南省	玉溪市澄江县
新疆维吾尔自治区	乌鲁木齐市乌鲁木齐县	湖北省	鄂州市梁子湖区	云南省	红河哈尼族彝族自治州弥勒市
安徽省	合肥市巢湖市	湖北省	荆门市京山县		
安徽省	马鞍山市和县	湖北省	仙桃市	云南省	大理白族自治州宾川县
安徽省	淮北市相山区	湖南省	长沙市望城区		
安徽省	滁州市来安县	湖南省	株洲市攸县	四川省	成都市温江区
安徽省	滁州市全椒县	湖南省	常德市津市市	四川省	成都市蒲江县
安徽省	宣城市宁国市	湖南省	郴州市永兴县	四川省	泸州市纳溪区
福建省	三明市明溪县	湖南省	永州市宁远县	四川省	德阳市罗江县
福建省	漳州市长泰县	广东省	汕头市南澳县	四川省	眉山市丹棱县
江西省	九江市瑞昌市	广东省	佛山市顺德区	四川省	宜宾市筠连县
江西省	赣州市崇义县	广东省	惠州市博罗县	四川省	雅安市宝兴县
江西省	宜春市靖安县	广东省	云浮市罗定市	陕西省	西安市高陵区
山东省	淄博市博山区	广西壮族自治区	南宁市横县	陕西省	渭南市大荔县
山东省	枣庄市市中区	广西壮族自治区	玉林市北流市	陕西省	延安市宝塔区
山东省	济宁市邹城市	海南省	白沙黎族自治县	陕西省	安康市岚皋县
山东省	泰安市肥城市	海南省	陵水黎族自治县	甘肃省	天水市清水县
山东省	临沂市费县	重庆市	忠县	甘肃省	张掖市甘州区
山东省	聊城市冠县	重庆市	万盛经济技术开发区	青海省	海东市平安区
山东省	菏泽市郓城县			宁夏回族自治区	银川市永宁县
河南省	郑州市新密市	重庆市	秀山土家族苗族自治县		

1.3.2 地方政策

（1）上海市。上海市绿化和市容管理局 2015 年 4 月印发了《关于开展本市农村生活垃圾全面治理工作的实施意见》。该意见包括了 2015～2020 年的工作路线图。主要任务包括全面开展对农村陈年生活垃圾堆弃情况的排查，摸清陈年生活垃圾存量、分布和污染情况，尽快完成陈年生活垃圾清理任务；重点清理村庄路边、河边桥头、坑塘沟渠等地方堆放的生活垃圾；禁止城镇向农村转移垃圾等。据悉，松江、奉贤两区生活垃圾焚烧厂将于 2015 年年底前试运营，以确保农村生活垃圾 100% 无害化处理。

（2）广东省。2015 年 3 月，《广东省城乡生活垃圾管理条例（草案）》提交广东省人大常委会十六次会议审议，草案首次将农村生活垃圾纳入法规调整范围，并明确垃圾处理费遵循"谁产生、谁付费，多排放多付费，混合垃圾多付费"的原则。草案的一大亮点是首次把"农村生活垃圾管理纳入法规调整范围"，在草案中，详细规定了农村生活垃圾减量和分类、农村保洁要求、农村垃圾处理等内容。

2015 年广东省财政安排专项资金奖纳入农村生活垃圾处理设施建设专项资金补助范围的 70 个欠发达县（市、区），其中，12000 万元以各县（市、区）"一县一场"设施的垃圾处理量为因素进行分配；24000 万元以农村保洁员队伍配备情况、农村生活垃圾费分类处置情况、农村生活垃圾统筹收运处理模式完成情况等为因素进行分配。

（3）海南省。2015 年在已有农村工作基础上继续开展行动，突出抓好农村生活垃圾治理。海南全省乡村深入开展"清洁家园"行动，根据"清洁家园"行动方案安排，到 2015 年底，要求各市（县）所有乡镇、70% 的自然村（村民小组）建立农村生活垃圾清扫保洁收运机制，落实机构、人员、经费、制度、设备，使农村生活垃圾治理覆盖率达到 70% 以上。

据不完全统计，截止到 2018 年 7 月底，已有 28 个省（直辖市/自治区）制定了专门针对农村生活垃圾分类及处理的政策法规或标准规范，其中浙江省于 2018 年 2 月出台的《农村生活垃圾分类处理规范》成为我国首部以农村生活垃圾分类处理为主要内容的省级地方标准，意味着农村生活垃圾分类处理工作更加精细化和标准化；广东省云浮市于 2016 年 12 月出台的《云浮市农村生活垃圾管理条例》，是云浮市首部与农村生活垃圾分类管理相关的地方性法规，标志着农村生活垃圾分类治理工作将有法可依。此外，22 个省市制定了农村生活垃圾分类及处理实施方案，将农村生活垃圾分类工作落到实处。

部分省/市/自治区农村垃圾分类相关政策见表 1-2。

表 1-2 部分省/市/自治区农村垃圾分类相关政策

序号	省（市、自治区）	法规/标准	年/月	实施方案	年/月
1	安徽省	《蚌埠市 2016 年度农村生活垃圾处理考核办法》	2017/2	《安徽省农村垃圾 3 年治理行动方案》	2015/7
				《阜阳市深化城乡环境综合整治一体化推进农村垃圾污水厕所专项治理工作方案》	2017/6

续表1-2

序号	省（市、自治区）	法规/标准	年/月	实施方案	年/月
2	福建省	《福建省农村生活垃圾治理验收办法》	2016/9		
3	甘肃省	《甘肃省农村生活垃圾管理条例》	2017/9		
4	广东省	《广东省城乡生活垃圾处理条例》	2016/1	《广东省农村环境保护行动计划（2014～2017年)》	2014/7
		《广东省农村生活垃圾分类处理指引》	2017/3		
		《云浮市农村生活垃圾管理条例》	2016/12		
5	广西壮族自治区	《广西农村生活垃圾处理技术指引（试行)》	2013/6	《广西农村垃圾专项治理两年攻坚实施方案》	2016/4
6	贵州省			《贵阳市农村垃圾治理三年行动计划》	2017/11
7	海南省	《海南省农村生活垃圾治理指导意见（2015～2017年）》	2015/8	《海南省农村垃圾治理实施方案（2016～2020年)》	2016/2
				《海南省农村人居环境整治三年行动方案（2018～2020年)》	2018/5
8	河北省			《2018年农村生活垃圾治理及示范工作实施方案》	2018/4
				《河北省农村生活垃圾治理三年行动实施方案》	2018/6
9	河南省	《关于全面推进农村垃圾治理的实施意见》	2016/12		
10	黑龙江省			《黑龙江省农村人居环境整治三年行动实施方案（2018～2020年)》	2018/6
11	湖北省	《襄阳市农村生活垃圾治理条例》	2017/11	《襄阳市农村生活垃圾治理三年（2016～2018年）行动方案》	2016/12
12	湖南省			《长沙市农村垃圾治理工作实施方案（2018～2020年)》	2018/6

续表1-2

序号	省（市、自治区）	法规/标准	年/月	实施方案	年/月
13	吉林省	《关于推进全省农村垃圾治理的实施意见》	2016/5	《吉林省改善农村人居环境四年行动计划（2017～2020年）》	2017/5
				《吉林省农村人居环境整治三年行动方案》	2018/5
14	江苏省			《江苏省农村人居环境整治三年行动实施方案》	2018/7
				《南京市农村生活垃圾分类实施方案（2017～2020年）》	2017/11
15	江西省			《江西农村生活垃圾分类收集处理试点工作实施方案》	2017/9
				《南昌市农村生活垃圾分类收集处理试点实施方案》	2018/7
16	辽宁省			《辽宁省城乡生活垃圾分类四年滚动计划实施方案（2017～2020年）》	2017/5
				《辽宁省农村人居环境整治三年行动实施方案》	2018/6
17	内蒙古自治区			《内蒙古自治区农村牧区垃圾治理实施方案》	2015/12
18	宁夏回族自治区			《宁夏回族自治区农村垃圾治理实施方案》	2016/3
19	青海省	《青海省开展农牧区生活垃圾专项治理工作指导意见》	2015/7	《青海省农牧区垃圾专项治理行动五年工作方案》	2016/12
20	山东省			《山东省农村人居环境整治三年行动实施方案》	2018/6
21	山西省			《山西省农村垃圾治理实施方案》	2016/3
22	陕西省	《陕西省农村生活垃圾治理考核验收办法》	2016/10		
23	上海市	《关于开展本市农村生活垃圾全面治理工作的实施意见》	2015/4		

序号	省（市、自治区）	法规/标准	年/月	实施方案	年/月
24	四川省	《四川省城乡生活垃圾分类及评价技术导则（试行）》	2014/8		
25	天津市			《天津市农村生活垃圾源头分类奖励工作方案》	2016/6
26	云南省			《云南省农村生活垃圾治理及公厕建设行动方案》	2016/8
27	浙江省	《农村生活垃圾分类处理规范》 《青田县农村生活垃圾分类处理管理办法（试行）》 《金华市农村生活垃圾分类管理条例》	2018/2 2018/6 2018/3	《浙江省农村生活垃圾分类和资源化利用示范县（市、区）创建实施方案》 《浙江省农村生活垃圾分类处理工作"三步走"实施方案》	2017/11 2018/5
28	重庆市			《重庆市农村生活垃圾治理工作实施方案（2015～2018年）》	2015/12

1.4 农村生活垃圾治理典型案例

长三角地区农村聚集程度相对较高，城镇一体化村镇生活垃圾收运处理起步早，较早推行了"组保洁、村收集、镇运转、县市处理"模式，村容村貌相对较好。由于地域差异较小，一些地区的农村生活垃圾治理模式对全国有较好的借鉴意义。

1.4.1 浙江省金华市

《住房城乡建设部关于推广金华市农村生活垃圾分类和资源化利用经验的通知》（建村函〔2016〕297号）对金华地区垃圾分类经验进行了详细介绍。2014年以来，金华市从本地实际出发，探索出了"两次四分法"的分类方法、"垃圾不落地"的转运方法、阳光堆肥房就地资源化的利用方法，以及动员群众、依靠群众的工作方法，形成了财政可承受、农民可接受、面上可推广、长期可持续的农村垃圾分类和资源化利用模式，已在全市域普遍推广。

金华市取消了村内垃圾集中堆放点和垃圾池，实现垃圾从投放到处理全程不落地。农户将家庭生活垃圾分为"会烂的"和"不会烂的"两类，保洁员会对"会烂的"进行纠正，并将"不会烂的"分为"好卖的"和"不好卖的"。金华市指定市供销再生资源有限公司对市场上不予以回收的废旧塑料、玻璃等进行"上门、定时、兜底"回收，费用归保洁员所有。既"不会烂"也"不好卖"的垃圾按"户集村收镇运县处理"经乡镇转运后由县（市、区）统一处理。对于分拣出的会烂垃圾，金华市在农村就近建设太阳能阳光堆肥房进行堆肥。根据行政村人口数量、转运距离等因素，采取"一村一建"或"多村合建"方式，建设阳光堆肥房（图1-2）。单村建设的阳光堆肥房一般分四格，其中两格堆肥，一用一备，另外两格一格储放可卖垃圾、一格储放其他垃圾。所有阳光堆肥房实施标准化建设，统一材料和外观。据金东区2015年8月~2016年8月实际测算，近70%的生活垃圾留在村里堆肥，10%~15%可以变卖。

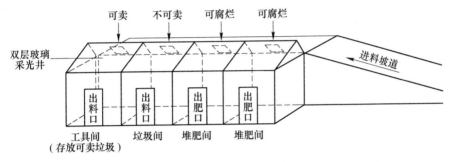

图1-2 阳光堆肥房结构

到2016年7月底，金华全市已有145个乡镇、3896个行政村开展垃圾分类减量工作，乡镇实现全覆盖，行政村覆盖率达88%。通过"一把手"抓"一把手"等强力行政保障，财政补贴、各村设立"共建美丽家园维护基金"和企业募捐等多元化资金筹措方式，政府、村委会、保洁员、农户等多级层面设置监督考核制度，广泛的宣传和社会参与等保障措施，使金华市农村人居环境大变样，促进养成文明新风，推动乡村旅游大幅发展。

1.4.2 浙江省宁海县

2015年，宁海在全市率先推行农村生活垃圾分类。截至2017年年底，该县基本实现363个建制村生活垃圾处理全覆盖，共建成餐厨垃圾再利用中心91个，日处理量60t。2017年8月，针对农村垃圾分类动态跟踪难的情况，宁海在下畈、梅山等45个省级试点村设置智能分类数据管理云平台，通过信息化管理，实现对区域性垃圾分类数据信息的收集、存储、统计、汇总，打通垃圾分类"户—村—乡镇—县主管单位"和"垃圾产生—垃圾分类—分类收集—分类处理"的全渠道，推动垃圾分类进入智能时代。

智分类数据管理云平台由智分类收运数据采集和智分类垃圾处理计量监控两个系统配套组成，通过一户一卡（RFID卡贴在各家垃圾桶上）实现实名制，实现垃圾分类投放有源可溯。

保洁员上门收集时，将垃圾桶放至智能采集清运车的称重扫码区域，进行自动称重、读卡。保洁员（同时也是厨余垃圾处理机的运行维护人员）会现场根据桶内垃圾分类情况分等级打分，智能采集清运车会将得分情况传送到系统终端。集满后的厨余桶会被运至厨余垃圾处理中心处置（一村独建或多村联建）；其他垃圾运送至就近设立的其他垃圾待运区，最终进行填埋或焚烧处理；有害垃圾由村民送到村内统一设置的有害垃圾堆放区；各家的可回收物由居民打包后贴上二维码，保洁员上门收集到集中点后再进行分类、称重，并根据二维码扫码积分。

1.4.3 浙江省安吉县

2016 年年底，安吉全县垃圾分类实施村总计达 133 个，占全部行政村的 71%；全覆盖乡镇达到 11 个，占全部乡镇的 73%；累计惠及农户 6.1 万户、21.2 万人。2016 年安吉创新开展垃圾不落地试点，在天荒坪镇余村村、上墅乡探索生活垃圾运行的新模式，实行"定点投放、定时收集"，在收集过程中"垃圾不暴露、转运不落地、沿途不渗漏、村容更整洁"，打造了两种垃圾不落地收集模式，即"余村模式"和"上墅模式"。2017 年安吉将"垃圾不落地"模式在全县域进行推广，要求各村不在公共场所和马路上设垃圾桶，改由垃圾清运车每天早晚固定时间挨家挨户上门收集。农户按照"可回收""不可回收""厨余垃圾""有害垃圾"等 8 种不同属性进行倾倒。收集完毕后，清运车直接开到街道资源循环利用中心进行处理。

2016 年 10 月，安吉报福镇开始在全镇 10 个村投放垃圾分类智能回收机，并为 5000 多户农户发放积分卡，实现"一户一卡"。通过实名制、积分制手段激励村民积极参与，促进村民养成垃圾分类的好习惯。该镇采取了以下几种方式改善垃圾分类与处理：一是试行垃圾分类"实名制"，即每家都需认领印有自家编码的垃圾袋，如若出现垃圾乱放不合理的现象，需本人负责到底。二是普及垃圾分类知识，在县内每个村都会设有宣传垃圾分类的标牌，图文结合更好地帮助村民理解垃圾分类的知识。三是设立奖惩机制。在宣传垃圾分类的基础上，报福镇通过全村家庭户评星定级和优秀家庭户推荐表彰引导大家传承家庭美德，树立良好风尚，进一步完善美丽家庭示范村落建设，助推精品示范村建设。

1.4.4 江苏省南京市

南京市要求每个涉农街道 2019 年都要建成一个有机垃圾处理站、一个收集分拣站，680 多个行政村届时要实现厨余垃圾就地处理。2017 年 6 月底，谷里街道在周村社区世凹桃源和双塘社区大塘金进行垃圾分类试点工作。周村社区给每户村民家配备两个垃圾桶，对生活垃圾进行"两次四分法"。每户村民首先在源头按"湿垃圾""干垃圾"分成两类分别装入社区发放的垃圾桶中，收运到一起后，再分类。村里的保洁员每天下午3点~4点清运湿垃圾，次日早上7点半~8点半清运干垃圾，大件及有毒有害垃圾每周三清运一次，有需要的可电话预约时间上门清运。此外，社区和城管执法人员会定期对农家乐的餐厨垃圾进行称重，记录台账，发现产运量不符的情况，会依据南京市餐厨废弃物管理办法进行查处等。

"两次四分法"的第二次分类，交给了末端处理的保洁员。在周村社区厨余垃圾处理中心，有一台日处理300kg厨余垃圾的设备，厨余垃圾倒入设备中，处理后被送往专业的公司处理成有机肥。在处理干垃圾的谷里街道垃圾分拣中心，铲车将垃圾倒进垃圾分拣自动设备里，机器开启，经过筛选，酒瓶、纸张等可回收物被分拣到一个大箱子里，金属物品则被筛选到另一个小箱子里。干垃圾经过分拣后，每天有两成可回收垃圾被分拣出来。

表1-3为国内部分农村生活垃圾治理模式。

表1-3 国内部分农村生活垃圾治理模式

地区	垃圾分类方法	垃圾处理方法	资金筹措机制	保障措施/特色经验
浙江省金华市	会烂的、不会烂的（好卖的+不好卖的）	会烂的：阳光堆肥房处理；好卖的：卖掉；不好卖的：集中收运处理	财政补贴、各村设立"共建美丽家园维护基金"和企业募捐等多元化资金筹措方式	（1）卫生"荣辱榜"制度；（2）门前三包制度；（3）党员干部公益服务日制度；（4）垃圾收费制度；（5）卫生督查制度；（6）路长包干制度；（7）义务督导员制度；（8）考核评比制度
浙江省宁海县	厨余垃圾、有害垃圾、可回收物、其他垃圾	专项收运处理	县、乡镇（街道）两级财政补助、企事业单位缴纳、个人自筹等方式筹措	（1）发放带芯片的智能家用垃圾桶；（2）保洁员上门收集，依托智能收集车对分类效果进行监管；（3）设置智能分类数据管理云平台；（4）利用二维码，对可回收物进行积分

地区	垃圾分类方法	垃圾处理方法	资金筹措机制	保障措施/特色经验
浙江省安吉县	可堆肥的厨余垃圾、其他垃圾	专项收运处理	按照"镇政府配套一点、村民筹一点、商户（企事业单位）收一点"的办法筹措资金	（1）政府购买服务，保洁外包给物业公司；（2）不设垃圾桶，定时上门收集；（3）一户一卡，垃圾分类实名制；通过垃圾分类智能回收机，实现垃圾分类情况可追溯；（4）进行全村家庭户评星定级和优秀家庭户推荐表彰
江苏省南京市	两次四分法	干垃圾二次分拣后分为可回收、不可回收；湿垃圾由生化处理机处理	—	（1）二次分拣由保洁员负责；（2）干垃圾经分拣设备自动分拣

1.5　主要进展

（1）建立了强有力的推行机制。各地的农村生活垃圾治理主要从管理机制、经营模式、经费分担机制、处理模式等方面进行尝试。一般由省级管理部确定全省治理目标，并层层分解落实，将目标完成情况作为考核评价市、县、镇党政领导班子的重要依据，建立统一目标、统筹部署、各司其职、协调配合的多部门合作机制。比如四川开展城乡环境综合整治，把农村生活垃圾治理作为重点，由主要领导亲自推动、亲自部署，省以下各级政府也是由主要领导亲自抓落实，共有住房城乡建设、环保等38个省直部门参与；同时，加强问责制度建设，自2009～2015年，因治理工作不力受到撤职等处分的干部就有400余人。

（2）鼓励村民参与农村垃圾治理。政府通过充分尊重村民的主体地位，并加强与村民的沟通，明确村民的义务，例如垃圾如何分类、征收保洁经费、做好门前屋后的清理等。比较典型的案例是广西宜州市在自然村建立党群理事会，组织发动村民参与垃圾治理，集中清理陈年垃圾9714次、15.6万吨，共20多万人次参加，占农村人口的2/5。

（3）探索多元化经营模式。政府正在尝试采用新的商业模式解决农村环境综合整治的问题。据统计，目前农村生活垃圾收运处理市场化运营模式主要有BOT模式，BT模式及EPC模式也有涉及。例如山东省金乡环境综合整治BOT项目，由某专业环保公司承担了山东金乡下属13个县镇6座二期垃圾中转站，升级改造 13 座垃圾中转站及购置相关机械设备、清运车辆，并负责所有乡镇的日产日清。项目投资 3560 万元，全部由企业自筹，特许经营期限为 25 年。

河北省宁晋县城乡环卫一体化项目包括宁晋县城区 33 条主次干道的清扫保洁，面积约 380 万平方米；县城区生活垃圾的收集、清运；县城区 3 座公厕的保洁，年产垃圾约 9.47 万吨；环卫设施（垃圾桶、果皮箱）保洁；数字化管理系统维护等。项目投资 3.97 亿元，投产使用 20 年。

（4）探索经费分担机制。建设费用主要由政府出资解决，运行费用则由政府和村集体、村民共同承担，既可以弥补运行经费缺口，又可以让村民主动配合开展分类减量工作，还可以让广大村民成为"义务"监督员。广西通过筹集、管理村庄保洁费的方式向每户每月收取 3~5 元，共自筹村庄保洁费 806 万元，占城乡垃圾治理总投入的 23.17%。

（5）因地制宜确定处理模式。由于我国城乡经济发展水平存在较大差异，且具有村镇生活垃圾产生源点多量大、组分复杂、布局分散、不利收集等特点，决定了我国城市生活垃圾的相关处理和资源化利用技术和模式不能直接在农村应用。目前，较适合农村垃圾处理的模式大致有几种：

1）源头分类减量、适度集中处理模式。主要特点是源头分类减量后，区分近郊、远郊、偏远村庄的不同，分别选在县、镇或村，以"户分类，村收，就近就地处理""户分类，村收，片处理""户分类，村收，县处理"的方式进行处理。这种方式适宜区域为经济欠发达且区域面积较大地区。广西已编制适合本地实际的农村生活垃圾处理技术，包括 3 种模式 13 种方案，选择 30 个乡镇和村庄开展片区处理试点和边远山区农村就近就地处理试点。

2）城乡一体化模式。主要特点是由各级环卫部门对农村生活垃圾实行收集运输，"户集、村收、镇运、区县处理"。适宜区域为经济发达地区，城乡接合紧密地区，主要省市包括北京、天津、上海、江苏、浙江、广东等。

1.6 存在问题

目前，我国农村基础设施仍比较落后，生活垃圾收集、处理问题还没有得到有效解决，与城市生活垃圾垃圾处理相比较落后，存在不少问题。

（1）模式粗放，没有形成完善的收运处理系统。目前我国大部分农村生活垃圾的收运模式简单粗放，主要有以下三种模式。

模式一，没有垃圾收运处理设施，垃圾随处乱堆，甚至直接倾倒在河流里，污染严重；模式二，设有简易垃圾收集点，没有密封、清洁措施，最终采取简易堆填处理，污染严重；模式三，收集点转运至简易填埋场，收运成本高、资源浪费、污染较严重。

（2）法规和章程缺乏，针对性强的技术体系不完善。当前我国针对农村生

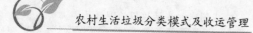

活垃圾处理的地方性法规和规定基本空白，一些涉及农村环境保护的法规条款只是原则性或政策性规定，在农村的实用性和可操作性不强。我国现行的技术标准大都针对城市生活垃圾，不适合农村生活垃圾管理和处理处置的需要。

（3）垃圾收运处置设施建设滞后，环境风险高。目前卫生填埋依然是农村生活垃圾处置的最主要手段。大部分农村垃圾收集池、简单填埋场或垃圾倾倒场地成为污染源，蚊蝇乱飞，直接污染周围环境和地下水。小型标准化卫生填埋场普遍存在重建设、轻管理的现象，后期管理不到位，特别是对于渗滤液、填埋气的监测和处置空白，存在一定的环境风险。

（4）环境教育缺失，农民环保科普知识欠缺。由于政府环境教育缺失，作为农村生活垃圾处理的主体，乡镇领导干部和村民环保意识淡薄。有的农村，虽然领导意识到农村环保宣传教育的重要性，但是活动组织和实施过程中脱离农村实际，表现为重形式、轻内容、效果差。大量的宣传手册内容晦涩难懂，宣传方式以说教为主，并不被广大群众接受和喜欢，不但没有达到预期的宣传效果，而且造成资金浪费。即使在配备了分类垃圾桶的新农村，由于生活垃圾分类的宣传和教育跟不上，导致垃圾不分类，或者分类不正确。

2 农村生活垃圾源头分类模式

2.1 农村分类模式

欧美、日本等发达国家和地区城乡一体化程度较高，农村垃圾收运起步较早，农村基础设施已相当完善，收运体制已较成熟。

2.1.1 欧盟

欧盟的农村垃圾收运多采用"市政当局主导–社区居民监督"的管理方式，所有农村社区生活垃圾都由市政当局集中收集和处理，社区垃圾箱等基础设施由市政当局负责配置和安装。市政当局会在村庄部分地方用宣传板的形式提醒居民按照规定收集垃圾，农村社区居民对政府的垃圾收运服务和规划有异议可以上诉。

居民将有机垃圾和无机垃圾用不同颜色的垃圾箱分类收集，经过专用收集车辆的运输，到达指定处理点集中进行处理。收取垃圾时，工作人员根据规定对垃圾进行分类，对违反规定收集的垃圾箱，工作人员拒绝收集甚至罚款。整套农村收运设施和收集处理的费用由地方政府征收的房地产税及其他税收支付，在资金上确保收运系统的正常运行。

2.1.2 美国

美国的农村垃圾处理一般由规模不大的家庭公司承担，全国范围存在数量众多的小型公司负责垃圾的收集运。农民也可以是公司的员工。公司收取农村生活垃圾，同时也收取一定的费用。每户将分类后的垃圾用轮式垃圾箱收集，按照规定时间送到收运路线边，由专车收集运输运到指定的集中处理点。

美国的农民居住比较分散，完善的收集网络能够覆盖到每家每户，每户的生活垃圾都能得到有效收集。

2.1.3 日本

日本的农村垃圾分类较细，能回收的垃圾与生活垃圾分开投放，有多个分类箱收集，部分地区按不同日期回收不用类型的垃圾，包括玻璃制品、塑料、橡胶、皮革、金属、家电等。专用垃圾车定期收集经过严格分类的废弃物，然后直接送入处理厂回收利用。分类收集减少了后续处理阶段的难度。

日本的农村垃圾收集车也有严格的分类，统一为自动封闭式和自动加压式。

自动封闭式可以防止恶臭等二次污染，自动加压式可以将易拉罐等废弃物压扁成片，提高垃圾收运效率。

2.2 农村生活垃圾产生量

2.2.1 不同地区农村生活垃圾产生量

我国各省建制镇与集镇（未设镇的乡行政驻地）人口的人均生活垃圾产生率为 0.20~1.70kg/（人·d），全国平均建制镇人均生活垃圾产生率为 0.79kg/（人·d），集镇为 0.52kg/（人·d）；村庄人口人均生活垃圾产生率为 0.07~2.1kg/（人·d），全国平均村庄人均生活垃圾产生率为 0.50kg/（人·d）。

依据现场调研和文献调研，我国不同省份农村生活垃圾产生率介于 0.034~3.000kg/（人·d）据估算之间，中位值为 0.521kg/（人·d），平均值为 0.649kg/（人·d），具体见表 2-1。我国农村生活垃圾 2014 年产生量达到 1.48 亿吨。不同省份农村生活垃圾产生率总体上呈现出北方高于南方，东部高于西部的特点。

表 2-1　中国不同省份农村生活垃圾产生率

地区	生活垃圾产生率/kg·（人·d）⁻¹	地区	生活垃圾产生率/kg·（人·d）⁻¹
全中国	0.649	浙江	0.611
北京	0.958	安徽	0.532
天津	1.226	福建	0.775
河北	0.890	江西	0.426
山西	1.000	山东	1.003
内蒙古	1.061	河南	1.000
辽宁	1.042	湖北	0.743
吉林	1.210	湖南	1.195
黑龙江	0.394	广东	0.561
上海	1.253	广西	0.412
江苏	0.451	海南	0.641
重庆	0.587	陕西	0.358
四川	0.381	甘肃	0.208
贵州	0.093	青海	0.805
云南	0.389	宁夏	0.357
西藏	0.099	新疆	0.195

我国典型村镇生活垃圾人均日排放量在 0.01~6.50kg 之间，平均值为 0.64kg；2014 年我国农村生活垃圾产生总量为 1.45 亿吨。全国的人均日生活垃圾量为 0.86kg。

已有很多研究学者针对不同地区农村生活垃圾产生率开展了大量的调查，包括平原地区、丘陵地区、东部地区、西部地区等。调查发现，云贵高原农村生活垃圾产生量为0.16kg/（人·d）；在成都市平原地区的万春镇生活垃圾人均日产量为0.34kg/（人·d），而在丘陵山区的万兴乡农村生活垃圾人均日产量为0.194kg/（人·d），很明显平原地区农村生活垃圾产生量高于丘陵和高原地区。

东部经济发达地区农村生活垃圾的产生量为0.255kg/（人·d），尤其是上海，人均生活垃圾产生量达到1.253kg/（人·d）；在浙江省农村地区人均生活垃圾产生量为0.48kg/（人·d）；东江源经济水平较好的县级村平均生活垃圾产生率为0.36kg/（人·d）、城乡接合部的镇级村平均生活垃圾产生率为0.29kg/（人·d）、经济水平较低的村庄平均生活垃圾产生率为0.17kg/（人·d）。在北方，农村生活垃圾的产生量也比较高，日均生活垃圾产量在0.66~2.29kg/（人·d）范围内。河北省垃圾日人均产生量介于0.38~1.19kg/（人·d）之间，平均值为0.78kg/（人·d）。在中西部地区，成都周边农村人均垃圾日产量在0.059~0.407kg/（人·d），平均为0.23kg/（人·d）；四川农村人均垃圾日产量为0.227kg/（人·d）。东部经济发达地区的农村生活垃圾产量显著高于西部地区。

国外学者对村镇垃圾的理化性质特征分析和排放规律也进行了较深入的研究。S. J. Burnley等人对威尔士地区生活垃圾的产量和成分作了深入的研究，得出该地区人均生活垃圾日产量为1.3~2.2kg/（人·d），垃圾成分中纸类垃圾占总成分的21%~36%，厨余垃圾和庭院垃圾占20%~39%，塑料类占到6%~11%左右，玻璃和纺织物分别占7%和2.6%，在垃圾中灰土的含量比较低，仅占垃圾的1%~6%；垃圾的产量和成分随着经济条件的改变而变化。S. J. Burnley等人分析了美国1935~1985年生活垃圾垃圾成分的变化情况，从每10年的垃圾成分变化趋势分析可以得出：塑料的使用率在持续上升，垃圾中塑料的含量从原来的1%上升到近年来占总垃圾的8%，纸的的含量在上升后又随经济的继续增长开始有所下降，有机垃圾的含量明显呈现上升趋势，垃圾中灰土的含量呈稳定下降趋势，从原来的60%下降到20%左右，而且垃圾的成分逐渐复杂化，有害垃圾的含量开始占重要比例。EPAUSA对美国40多年来垃圾产生量的变化趋势进行了统计分析，结果表明，1960年美国垃圾产生量为8810万吨，1990年为2.052亿吨，2000年为2.39亿吨，到2007年已经达到2.54亿吨；人均年产量也从1960年的1.22kg、1990年的2.40kg、2000年的2.11kg，增加到2007年的2.10kg。产生量主要经历了2个时期：1960~1990年，垃圾产量经历了一个比较快速的增长期，其垃圾产量年增长率为3%~4%，日人均垃圾产量年增长率为2%~3%；1990~2007年，垃圾产量较为平稳，垃圾产量增长率为1%，日人均垃圾产量基本保持不变。生活垃圾的组成成分同城市化进程以及居民消费水平密切相关，但变化的值不太大，主要是纸类和庭院垃圾，故其可回收率较高。

2.2.2 不同地区农村生活垃圾产生量的影响因素

全国各地农村居民生活垃圾日均产生量差异较大，这主要与不同地区人口数量、居民经济水平、生活水平、家庭人口结构、能源结构、文化程度、社会行为准则等因素有关。一般经济发达地区，居民产生的垃圾量较高。

2.3 农村生活垃圾理化特性

2.3.1 不同地区农村生活垃圾理化特性

2.3.1.1 垃圾组分

农村垃圾的有机成分（厨余垃圾）比例比较低，一般占 20%～30%，灰土、砖瓦等组分占比较高，约 50%～60%。其他研究也发现，我国农村生活垃圾主要以渣土为主，占垃圾总量的 42.38%；其次为厨余，占垃圾总量的 35.97%。各成分大小关系依次为灰渣>厨余>塑料>其他类>纸类>玻璃>布类>金属。南方生活垃圾主要以厨余为主（43.56%），其次是渣土（26.56%）；北方主要以渣土为主（64.52%），其次是厨余（25.69%），其他组分含量相当。

李志龙对我国典型村镇生活垃圾的组成进行研究，发现各成分中厨余类含量最高（平均值为 33.69%），灰土类次之（平均值为 26.49%），橡塑类（平均值为 13.48%）与纸类（平均值为 10.74%）含量再次，有害类垃圾含量相对最少。

不同地区垃圾组分差异较大，且各组分所占总垃圾比例也不同。在云贵高原地区，农村生活垃圾主要组分包括厨余类、灰土类、橡塑类、纸类和木竹类，其中厨余类占比最大，为 52.09%；其次为灰土类，占 12.65%；橡塑类占 11.45%；纸类占 9.99%；木竹类占 7.40%，危险废物含量很少，只有 0.07%。河北省农村生活垃圾主要以厨余、灰渣、纸类和塑料为主，占垃圾总量的 89.98%。各垃圾成分大小依次关系为：厨余>灰渣>塑料>其他>纸类>布类>玻璃>金属。在成都，农村生活垃圾中有机、无机组分和可回收组分质量分数平均占比分别为 71.82%、5.17%、22.35%，有机组分占比最高。

在东部地区，山东淄博农村生活垃圾主要包括厨余类、灰土、纸类、塑料和果类五大类，其中厨类平均占 41.15%，灰土平均占 22.35%，纸类平均占 10.92%，其余物理组分含量均在 10% 以下。浙江省农村生活垃圾中食品垃圾、树叶菜叶等有机物占比最高；其次是砖瓦灰渣等无机物；再次是纸类、布类、塑料等废物比重较大；而秸秆、家畜粪便等含量最小。东江源沿江村镇生活垃圾主要成分是厨余类，所占比例高达 60% 以上；其次是灰土类垃圾，占 12% 以上；而其他成分，如塑料类、纸类、纺织类、金属类、玻璃类及木材类所占的比例较低，一般在 10% 以下，有些尚不足 5%。

表 2-2 为中国农村生活垃圾组分特征。

表 2-2 中国农村生活垃圾组分特征

垃圾组分	所占比例/%	垃圾组分	所占比例/%
厨余类	43.58	玻璃类	2.45
灰土类	23.48	木竹类	2.15
橡塑类	8.78	其他类	4.40
纸类	7.77	金属类	1.28
砖瓦陶瓷类	3.10	混合类	0.25
纺织类	2.75		

典型农村生活垃圾组分见表 2-3。

表 2-3 典型农村生活垃圾组分

区域	杂草	厨余	纸类	橡塑	布类	竹木	玻璃	金属	灰渣	有害
上海侯南村	53	25.84	4.08	5.39	2.01	1.22	5.13	0.51	2.82	
上海聚训村	48	26.80	5.22	5.21	1.89	2.97	3.65	1.77	4.49	
北京杏树台村	—	19.80	9.1	14.4	3.8	1.80	2.8	1.00	48.50	0.8
北京密云地区①	—	30.80	2.6	4.0	0.4	9.7	0.1	0.1	52.00	
	—	54.40	4.8	5.7	0	1.2	0.1	0.1	33.80	
	—	49.10	4.0	4.3	0.5	1.1	0.1	0.2	40.70	
湖北龙门滩村	—	12.18	6.88	12.88	3.16	2.45	—	0.44	60.58	1.42
湖北铁门岗乡	—	13.58	4.96	7.90	0.62	1.83	0.15	0.04	70.92	

① 北京密云地区分别为普通村、旅游村和镇级村。

2.3.1.2 含水率

我国典型村镇生活垃圾含水率平均值为 53.68%，且不同地区农村生活垃圾的含水率也有一定的差异。云贵高原地区农村生活垃圾的含水率为 39.16%；成都农村生活垃圾的含水率范围为 36.64%~75.15%；山东淄博平均含水率为 50.79%；浙江省农村生活垃圾含水率在 40.2%~63.7% 范围内。高原地区农村生活垃圾的含水率明显低于平原和东部地区。

2.3.1.3 灰分

云贵高原地区农村生活垃圾的灰分值为 19.48%；东江源沿江村镇混合生活垃圾的平均灰分值为 34.15%；成都农村生活垃圾的灰分质量分数为 13.7%~41.92%；山东淄博垃圾混合组分干基灰分平均值为 44.05%、湿基灰分平均值为

21.67%。显然中西部地区垃圾的灰分也低于东部地区。

2.3.1.4 容重

我国典型村镇生活垃圾容重平均值为 225.75kg/m³。也有研究发现我国生活垃圾的容重介于 40~650kg/m³ 之间，平均值为 263kg/m³，具有较好的可压缩性。云贵高原农村生活垃圾的容重为 106kg/m³，低于全国农村生活垃圾的容重；东部发达地区农村生活垃圾容重 210kg/m³，北方农村生活垃圾容重 80~520kg/m³，均高于云贵高原地区。

2.3.1.5 热值

我国典型村镇生活垃圾湿基低位热值平均值为 4255kJ/kg。云贵高原地区农村生活垃圾可燃物和低位热值分别为 41.37% 和 7615kJ/kg。浙江省农村生活垃圾发热值在 8000~11000kJ/kg 之间。东江源沿江村镇生活垃圾混合生活垃圾的平均热值为 2329kJ/kg。成都农村生活垃圾热值为 5134.6~10803.4kJ/kg。山东淄博农村生活垃圾干基可燃物平均值为 55.96%，湿基可燃物平均值为 27.54%；干基高位热值平均达 13430kJ/kg，湿基低位值平均达 5142kJ/kg，湿基高位值平均达 6672kJ/kg。高原地区生活垃圾含水率较低，因此其热值高于平原和东部地区。

2.3.2 影响农村生活垃圾理化特性的因素

影响不同地区农村生活垃圾理化特性的因素有很多，包括经济水平、气候特征、季节差异、居住方式、能源结构等。

（1）经济收入。经济收入低的农村无机物含量较高，砖瓦灰渣含量高，含水率低；在经济收入相对高的地区有机物含量高，砖瓦灰渣含量低，含水率高。

（2）能源结构。经济较为发达的地区燃气率和用电率高，燃料灰渣产生百分比低；而在高原等经济相对落后地区在用能方面主要以木柴、原煤为主，导致经济落后地区垃圾组分中灰土和木竹含量高。随着经济发展水平的提高，村镇生活垃圾组成中厨余类、金属类、木竹类比例逐渐增大，灰土类比例则逐渐减小。

（3）季节变化。季节变化对农村生活垃圾的成分变化也有显著影响。农村生活垃圾厨余类含量在春夏两季更高，这与夏季居民大量食用水果有关；而冬天居民耗煤取暖导致生活垃圾的灰土类含量高于其他季节。

（4）家庭养殖与务农户人口比例。家庭养殖对厨余垃圾减量的作用较显著，家庭养殖户比例与食品垃圾产生量近似呈负相关。这是由于全部泔脚、部分厨余及部分果皮通过禽畜养殖消纳掉。而务农户人口比例与食品垃圾产生量呈正相关，这是因为务农户副食品以自给为主，净菜过程中产生的厨余垃圾较食用市购蔬菜非务农户多。

（5）居住方式。农村生活垃圾组分中，密集居住区可回收物含量比分散居住区多，这除了与居民的生活习性有关外，还因为农村居住相对聚集，方便收购商在乡间回收部分可回收物，从而降低了垃圾中的可回收物组分。

2.4 农村生活垃圾分类意愿调查

2.4.1 调查方式和目的

2.4.1.1 调查区域和样本

为了了解村镇居民对生活垃圾分类的知晓率和参与意愿，2015 年上海市环境工程设计科学研究院以上海市为例，选择了崇明区和奉贤区作为代表，并按推行垃圾分类和未推行垃圾分类两个类别挑选了两个区域下属的 8 个镇和 8 个村进行居民垃圾分类意愿调查，回收有效问卷 418 份（表 2-4）。

表 2-4 分类意愿调查地点

分 类	调查地点	分 类	调查地点
崇明区分类镇	城桥镇 竖新镇	奉贤区分类镇	金汇镇 青村镇
崇明区分类村	新河镇井亭村 新村乡新浜村	奉贤区分类村	四团镇三坎村 柘林镇新塘村
崇明区不分类镇	陈家镇 新安镇	奉贤区不分类镇	海湾镇 平安镇
崇明区不分类村	城桥镇聚训村 堡镇小漾村	奉贤区不分类村	南桥镇光明村 庄行镇新华村

接受本次调研的受访者平均年龄 50 岁，男女比例分别为 46.41% 和 53.59%，拥有大专及以上学历者占比约 10%，约 90% 的受访者为高中及以下学历，受访者的职业分布广泛，有农民、政府职员、企业职员、个体经营户等，其中最多的是农民，占比为 29.67%（图 2-1）。

2.4.1.2 调查目的

针对村镇生活垃圾量少且分散造成收运体系构建成本高的问题，通过实地调研得到的村镇垃圾特征以及村民分类意愿等现状，提出适宜于村镇的垃圾分类模式，了解设施配置研究、现有机制的不足。

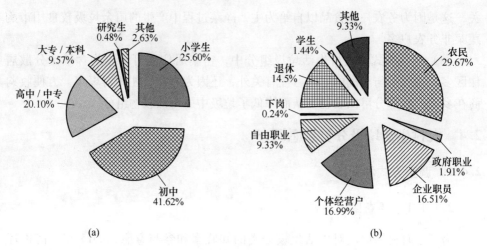

(a)　　　　　　　　　　　　　　　(b)

图 2-1　受访者情况

（a）受访者受教育程度；（b）受访者职业分布情况

2.4.2　调查结果

2.4.2.1　对垃圾分类方式的认知度及认同度

由调研数据（图 2-2）可知，只有 30.87% 的受访者知道目前的垃圾分类方式，37.08% 的受访者部分知道分类方式，而 32.05% 的受访者完全不知道目前的垃圾分类方式。可见，垃圾分类方式的知晓率不高。相较而言，知晓度镇比村高，推行垃圾分类的村镇比未推行垃圾分类的村镇高。

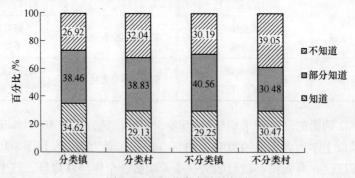

图 2-2　垃圾分类方式认知度

通过沟通交流，受访者对现行垃圾分类方式的认同度尚可，近 50% 的受访者表示认可当前的分类方式，另有 27.74% 的受访者表示可以简化分类，18.21% 的受访者表示可以进一步细化分类（图 2-3）。总体而言，镇较村倾向于细化垃圾分类，村较镇倾向于简化垃圾分类，可见垃圾分类方式与受访者所处的居住环境有一定相关性。

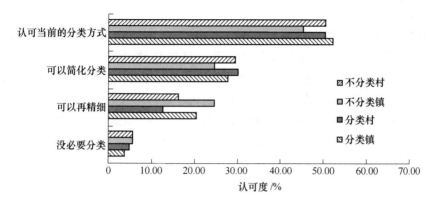

图 2-3　垃圾分类方式认可度

2.4.2.2　调研区域垃圾分类宣传及投放设施配置情况

从调研结果可知，不管所在村镇是否推行垃圾分类，都有一定比例的受访者感受到了村镇的垃圾分类宣传教育，分类镇、分类村、不分类镇和不分类村该部分受众的占比分别为70.19%、54.37%、49.06%和49.52%，在感受到垃圾分类宣传教育的这部分受访者中，大部分人表示只是偶尔有宣传活动（图2-4（a））。可见，垃圾分类宣传工作已全面推开，但宣传频次不高，受众覆盖不广。

关于分类垃圾桶的设置（图2-4（b）），受访村镇中均有一定比例的受访者表示所在村镇有分类垃圾桶，但该比例总体不高，该部分受访者的比例镇比村高，推行垃圾分类的村镇比未推行垃圾分类的村镇要高。可见，不管是否推行垃圾分类，村镇均设有分类垃圾桶，但数量不多，并未全覆盖。

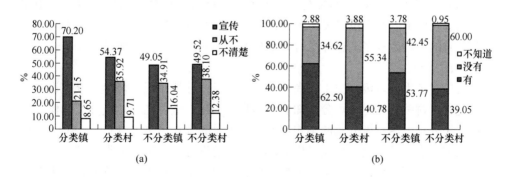

图 2-4　垃圾分类宣传与设备配备情况

（a）垃圾分类宣传情况；（b）分类垃圾桶设置情况

2.4.2.3 参与垃圾分类的意愿

由调研结果（图 2-5（a））可知，居民参与垃圾分类的积极性很高，90.68%的受访者表示愿意参与垃圾分类，且参与垃圾分类的原因比较统一，75.87%的受访者参与垃圾分类是为了保护环境和废物利用，另有 20%左右的受访者参与原因是受周围人影响，比如其他村民在进行垃圾分类、保洁员的严格监管等，还有少量是出于赚取零钱和积分。对于不愿参与垃圾分类的居民，其原因主要有没时间、不知道怎么分、投放不方便和没必要分四大类。可见，总体上，村镇居民参与垃圾分类的积极性较高，且主要是出于环境保护的原因，较少人因利益驱动而参与，而不参与垃圾分类的最主要原因是没时间。

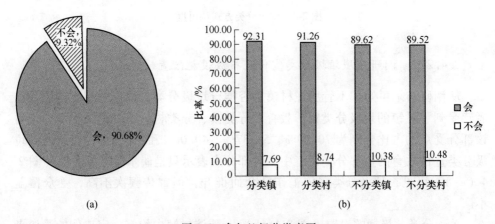

图 2-5　参与垃圾分类意愿

对比推行垃圾分类和未推行垃圾分类的村镇可知，推行垃圾分类的村镇居民参与垃圾分类的积极性更高。就参与原因而言，是否推行垃圾分类对村镇居民的影响不大（图 2-6）。对于不参与分类的原因，推行垃圾分类的村镇主要集中在没时间、投放不方便和没必要，很少选择不知道如何分类，而不管是否推行垃圾分类，村的受访者较多的选择没有必要分类这个原因，镇的受访者较多的选择没时间（图 2-7）。

目前村镇生活垃圾分类工作尚处于起步阶段，分类知识宣传少、设施设备配备不完善，村镇居民对垃圾分类知识的知晓度不高，是否推行垃圾分类总体上对村镇居民处理生活垃圾方式的影响不大，最主要的方式仍是混合投放，但结合村镇所处的特定生活环境，居民对生活垃圾自发地进行了一定的分类处理，比如对于厨余垃圾，部分村镇居民选择饲喂家禽、沤肥还田；对于可回收的各类废旧物品，基本均进行了分类收集售卖；对于农药瓶，大部分进行了分类回收；对于藤蔓秸秆，也是较多地选择堆田里自行腐烂降解和烧柴火，较少将藤蔓秸秆混入生

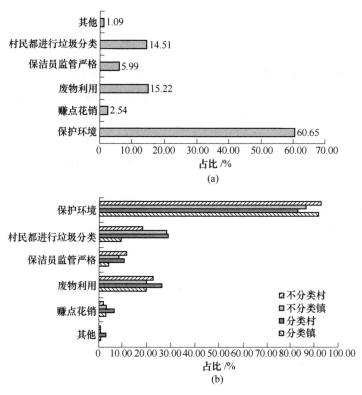

图 2-6　参与垃圾分类原因

（a）居民参与垃圾分类主要原因；（b）不同村镇居民参与垃圾分类的原因

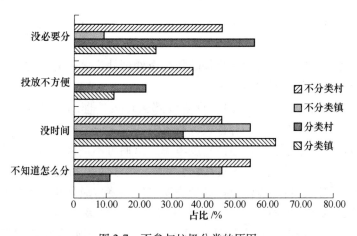

图 2-7　不参与垃圾分类的原因

活垃圾。村镇居民参与垃圾分类的意愿总体较高，环保意识尚可，但分类知识积累较少。可见村镇地区开展垃圾分类工作公众意愿基础良好，但需要根据村镇的特点选择合理的分类处理方式，完善分类设施设备配备，持续全面的开展垃圾分类知识宣传。

2.5 基于末端处置设施的农村生活垃圾的分类模式

从理论上说，垃圾分类愈细，垃圾的后续处理愈简单。欧美发达国家对生活垃圾分类有严格要求，源头产生的垃圾甚至需要分为 7~8 类。而我国的垃圾分类工作刚刚起步，直接套用国外模式显然不适合我国国情。大量研究表明，受限于国民的环境意识和教育水平，对我国的生活垃圾在源头进行细致分类不具备可操作性，大量繁多的分类收集装置往往让垃圾产生者无所适从。农村相对于城市人少地广，且较多的农田和林地解决了资源化产品的利用途径。

调研发现不同地区农村生活垃圾分类模式差异较大，但基本包括可堆肥垃圾，具体见表 2-5。

表 2-5　农村生活垃圾分类现状

区域	分 类 方 式
上海	可回收物、有害垃圾、湿垃圾、干垃圾
北京	灰土、可堆肥垃圾、可回收物、有害垃圾、其他垃圾
广西	可回收物、可堆肥垃圾、有害垃圾、其他垃圾
浙江金华	可堆肥垃圾、不可堆肥垃圾
浙江武义	可堆肥垃圾、可回收垃圾、不可堆肥垃圾
广州阳山	不可堆肥垃圾（分为可回收和不可回收类）、可堆肥垃圾、危险垃圾、农业废弃物垃圾

应依据不同地区的垃圾组成以及居民的生活习惯和方式，建立不同的生活垃圾收运模式。

综合考虑垃圾分类收集的群众基础和垃圾处理处置设施的情况，农村垃圾分类收集可分为如下几个模式：

（1）混合填埋模式（图 2-8）。现阶段郊区垃圾处理的主要方式，配合该终端处置方式，实行大件垃圾、有害垃圾、可填埋垃圾分类的方式。由于农村垃圾中可回收物质比例非常小，从经济角度考虑，前期可不进行可回收垃圾的分类。

（2）焚烧发电模式（图 2-9）。目前我国有很多大城市正在大力推进垃圾分类收集，并且郊区也将逐步建设垃圾焚烧发电厂，待垃圾焚烧发电厂建成后，配合该终端处置方式，实行大件垃圾、有害垃圾、湿垃圾、干垃圾分类收集的方式；对于湿垃圾，在湿垃圾专用处理设施建成前，采用混合焚烧或预处理后焚烧。由于农村垃圾中可回收物质比例非常小，从经济角度考虑，前期可不进行可回收垃圾的分类。

（3）生物处理模式（图 2-9）。分类方式同焚烧发电模式，待垃圾分类收集

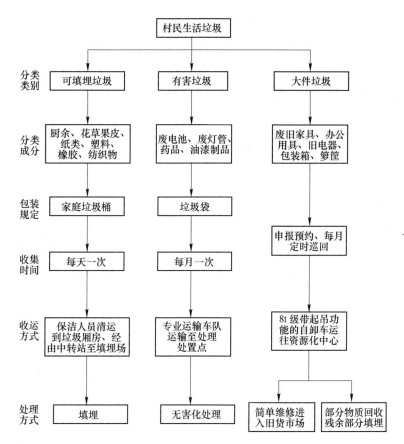

图 2-8　填埋模式垃圾分类收集方式

效果明显的时候，可建设湿垃圾生物处理厂。由于将湿垃圾单独处理，剩余垃圾成分简单，其中可回收部分可以在中转站进行分选回收。

2.5.1　农村餐厨垃圾收运处理

农村地区应由餐厨垃圾混入生活垃圾系统收运的方式逐渐过渡到单独收运处理的方式。餐厨垃圾在进入处理系统前，村民应避免大块无机颗粒，如破碎的碗碟、筷子和骨头等不易腐烂的物质进入。在农村可以采用好氧堆肥的方式进行处理，即庭院自净式处理系统。

2.5.1.1　工艺原理

庭院自净式处理系统实际上由庭院有机垃圾通过好氧堆肥，生产有机肥，最终减量化的过程。

好氧高温堆肥工艺，是在有氧的条件下，依靠好氧微生物（主要是好氧细

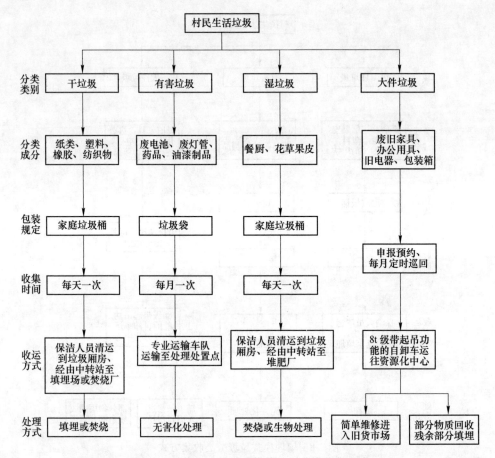

图 2-9　焚烧或生物处理模式垃圾分类收集方式

菌）的作用来进行发酵。在堆肥化过程中，粪渣泥饼中的可溶性有机物可透过微生物的细胞壁和细胞膜被微生物直接吸收；而不溶的胶体有机质，先被吸附在微生物体外，依靠微生物分泌的胞外酶分解为可溶性物质，再渗入微生物细胞内。微生物通过自身的生命代谢活动进行分解代谢和合成代谢，把一部分被吸收的有机物氧化成简单的无机物，并放出能量；把另一部分有机物转化合成新的细胞物质，使微生物生长、繁殖，产生更多的生物体。在此过程中，堆肥物质得到稳定，形成腐殖质，即堆肥产品。

好氧高温堆肥化过程可大致分为三个阶段，即中温阶段、高温阶段、腐熟阶段。

（1）中温阶段。也称产热阶段。堆肥初期，堆层基本呈中温，嗜温性微生物较为活跃，并利用堆肥中的可溶性有机物旺盛繁殖。微生物在转换和利用化学能的过程中，有一部分变为热能，由于堆料有良好的保温作用，从而使堆料温度不断上升。此阶段微生物以中温、好氧型为主。

（2）高温阶段。当堆肥温度上升到45℃以上时，即进入高温阶段。在该阶段嗜温性微生物受到抑制甚至死亡，嗜热性微生物逐渐代替了嗜温性微生物的活动，堆肥中残留的和新形成的可溶性有机物质继续分解转化，复杂的有机化合物，如半纤维素、纤维素和蛋白质等，开始强烈分解。通常，在50℃左右进行活动的主要是嗜热性真菌和放线菌，温度上升到60℃时，真菌几乎完全停止活动，仅有嗜热性放线菌与细菌在活动；温度上升到70℃以上时，大多数嗜热性微生物亦已不适宜，微生物大量死亡或进入休眠状态。高温阶段的微生物可分为三个生长期，即对数生长期、减速生长期和内源呼吸期，在高温微生物经历了这三个时期的变化后，堆肥堆积层内开始发生与有机物分解相对应的另一过程，即腐殖质的形成过程，堆肥物质逐步进入稳定化状态。

（3）腐熟阶段。腐熟阶段是在高温微生物的内源呼吸后期，此时，只剩下较难分解及难分解的有机物和新形成的腐殖质，微生物的活性下降，发热量减少，温度下降。由于温度下降，嗜温性微生物又开始活跃并占优势，对残余的较难分解的有机物作进一步分解，腐殖质不断增多且稳定化，此时，堆肥即进入腐熟阶段。降温后，需氧量大大减少，含水量也降低，堆肥孔隙增大，氧扩散能力增强。

2.5.1.2　工艺流程

庭院自净式处理系统——餐厨垃圾收运模式如图2-10所示。

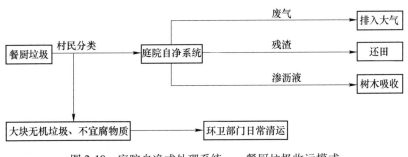

图2-10　庭院自净式处理系统——餐厨垃圾收运模式

2.5.2　农村大件垃圾收运

农村大件垃圾主要为废旧家电，随着农村经济的发展，农村废家电的数量也不断增多，农村大件垃圾收运线路如图2-11所示。

2.5.3　农村有害垃圾收运

农村有害垃圾收运模式如图2-12所示。通过向村民的宣传，进行源头分类。

图 2-11　农村大件垃圾收运模式

村民将有害垃圾（废电池、废灯管、药品、油漆制品等）单独用塑料袋进行收集，每月由环卫工作人员定期集运至垃圾厢房，再由专业运输队伍定期运输至处置或利用点，统一纳入县市处理系统。

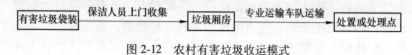

图 2-12　农村有害垃圾收运模式

生活垃圾"村收集、镇转运"技术

3.1 收运网络智能决策系统构建

垃圾收运系统包含垃圾收集系统、垃圾清运系统和垃圾转运系统。垃圾收集系统主要是实现垃圾收集的分类化、容器化、密闭化和机械化，垃圾清运是指收集运输车辆从不同收集区域将各收集点的垃圾进行集中并往返运送到转运站（或处置场）和转运站（或处置场）卸料等的全过程；垃圾转运是指垃圾收集清运至转运站后，由站内机械设备压缩后或直接转到大中型运输车上，集中统一后运往处置场。收运网络智能决策系统主要针对清运及转运阶段，分为四个部分：村镇垃圾收运模式分析、村镇中转站规划、村镇收运路线优化以及中转站评价。

村镇收运系统决策的步骤如下：

第一步，直运、转运模式的判别，通过建立的费用模型对两种模式下的费用对比分析确立村镇的收运模式。

第二步，确立收运模式后如果确立的为转运模式，则进行中转站的规划分析。首先通过集合覆盖模型以及对当地地理环境的考察选出足够的中转站备选点，再由中转站规划模型求解得出中转站建设地址、容量等级以及中转站服务范围。

第三步，由处理场位置、已确立选址的中转站位置进行收运路线的优化，进一步促进收运系统的成本降低。

第四步，决策系统的最后是在收运规划完成后对中转站进行效率评价，通过DEA综合效率评价模型不仅对不同中转站的效率进行评价，也对同一中转站不同年份的效率变化进行分析，得出中转站效率不同或变化的原因，并据此对中转站提出改善措施。

决策系统总体框架如图3-1所示。

3.1.1 村镇收运模式分析

3.1.1.1 收运模式类型

垃圾的收运模式是对具体的收集方案上的抽象概括和集成，也对应着其特定

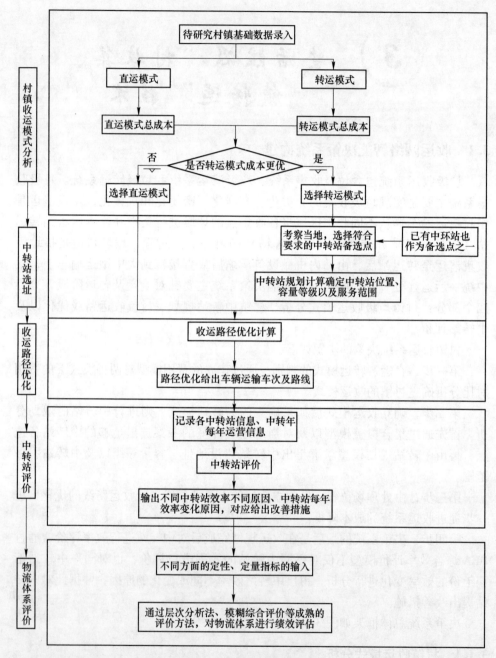

图 3-1　决策系统总体框架

的收集和运输系统，对系统的优化从本质上是对收运模式的选择。垃圾收运模式的划分依据其划分规则，根据垃圾的包装状态可分为散装收运和袋装收运，根据垃圾分类状态可分为混合收运和分类收运，根据收集容器位置是否随车运动可分为固定容器收运和移动容器收运。从运输次数和有无中转设施来看，直接运输和中转运输模式较为典型，后者适合产生源到处理设施之间的远距离、跨区域运输。从转运的次数划分，又可以分为直接运输模式、一次转运模式、二级转运模式和多级转运模式。二级及多级转运模式一般只针对离处理场过远的城区上或需换装不同运输方式情况（如需陆运转水运），即使在城区，二级或多级转运模式的应用也不常见。由于村镇普遍靠近郊区处理，村镇的收运模式大都为直运和一次转运模式。

直接收运模式适用于距离处理场较近的村镇区域，车辆直运的作业方式使用比较灵活，适用于收运设施选址困难的地区，但这种作业不适于长距离运输，尤其车辆配置数量大，车辆运行维护成本较高时。直接收运作业相对比较灵活，应用范围广泛，但受服务范围的限制，只能进行短途收集作业，应充分发挥收集车辆机动性和道路适应性较好的特点，由于收集同样规模的垃圾产生量需要配置较多的收集车辆和装载垃圾箱，因而会增加道路交通压力。配置该类型的收集车辆，往往是一次性投入成本相对较低，但收运服务范围小，若增加运输距离，会带来车辆作业成本的显著增加。

转运模式在经济可承受的控制条件下（同等服务区域条件下相对于直接收运模式而言）可延长垃圾的运输距离。转运模式使得垃圾收集站/点并不需要过多考虑收集后运输距离的约束和相应的经济成本约束，而只需解决源头垃圾量的收集集中问题，实际上可提高垃圾收集站/点的作业效率，把垃圾运输至末端处理设施的单一任务倾向于交付给垃圾转运车辆和相关设施设备来完成。相比直运模式而言，由于垃圾转运站一般具有较高的机械化作业水平，密闭化运输、垃圾压缩程度较高，同时站内配备有较先进的降尘、除臭、垃圾渗滤液导排等措施，因而整体上能保证一级转运模式环保达标、作业规范。另外，中转站应当设在交通较为便利、道路较低的位置。

3.1.1.2　收运成本影响

决策系统根据直运、转运的成本对比分析确立收运模式。总成本中包括设施成本、车辆成本以及人员成本三大部分，设施成本包括收运设施的建设及运行维护成本这两项；车辆成本包括收运车辆的折旧成本、维护成本和道路运输成本等3个子项；人员作业成本包括设施配属人员成本和随车司乘成本这两个子项。

设施折旧是指包括建（构）筑物及其内部设备在收运系统运行期或规划期的折旧，不同规模、不同类型的收集站、转运站的折旧费是不同的。

设施运行维护成本主要是指收集站、转运站正常运行过程发生的各项费用，包括站内设备的维护保养费用、环境保护和二次污染控制所产生的支出，以及能源（水、电、液压油等）的消耗费用。

车辆折旧主要是指收运车辆在收运系统运行期或规划期的折旧（通常不超过收运车辆的允许最长报废期限）。

车辆的维护费用主要是指车辆的各类维修或保养方面发生的支出。

车辆的运输成本则专指在垃圾载运过程的有效支出，包括运输过程或装卸垃圾的动力消耗支出，这里主要是指运输过程中的动力消耗支出。收运车辆的类型不同、净载重不同，车辆的各项子成本也不同。

人员作业成本部分，因收运系统需要大量的作业人员管理和参与设施、设备和载具的使用和操作，因而这一部分的人力成本是较大的，本节将作业人员分为随车司乘人员和站内配属作业人员两类。但是需要指出的是，不同类型收运设施站内作业人员数需根据现行国家行业标准的定额要求配置，也就是作业人员最小配属数。人员作业成本主要指人员工资支出。

本节建立的费用模型是以收运节点设施为关键节点来配置相应的收运车辆，换句话说，收运车辆的起始点都是对应收运设施（不带收集车、转运车车辆总停车场的收运系统），即收运车辆当日作业完毕应当返回其所属的收运设施，由此确定该模型的特定结构。

3.1.2 中转站规划

3.1.2.1 垃圾中转站规划目的

垃圾中转站是连接垃圾产生源和末端处置系统的结合点，起处理垃圾的枢纽作用。主要功能在于压缩、分拣，大件垃圾的破碎及打包、转运。它可实现垃圾收集与运输的集中化、压实化、分类化、封闭化。已建中转站近年来的运行表明其缩小垃圾体积、减轻垃圾重量、大容积全封闭运输、操作自动化等优点，较大地改善了以前城市垃圾收集与运输设施落后、污染严重、操作繁杂、管理困难、效率低下等状况，为减少生活垃圾污染、改善环境质量、提升环卫作业水平、降低运行管理成本提供了一种先进的手段。

3.1.2.2 中转站选址原则

中转站选址的原则主要有柔性原则、经济性原则、统筹原则、战略性原则。

中转站选址时，必须顾及许多不断发生着变化的因素，如服务对象、交通条件、成本价格等。这些动态因素如果在选址时考虑不周或不予考虑，中转站一旦建成就会产生不能够满足要求或资产大量闲置的现象。从动态出发，中转站应当建立在详细分析现状及对未来变化作出与其相适的应对措施上。而且中转站的规划设计也应有一定的柔性，应在一定范围内能够适应用户、成本、市场需求等多方面的变动。

使一个中转站顺利运转的费用主要包括建设投资和运营支出两部分。运营上，与基本建设及未来经营活动有关的诸如水、电等配套设施需要一定的投资，还有人工成本费、管理费用等一系列运营费用。中转站一旦建成，由于先期巨大的投资，就不可能随意变更地址。中转站在数量、层次上的分布应构成合理的网络化布局，既要考虑全局，也要考虑长远。

中转站选址影响因素：

（1）垃圾的产量及其分布。垃圾中转站转运的是垃圾，所以垃圾的分布是影响选址的重要因素。

（2）交通运输状况。中转站必须具备方便的交通运输条件，最好靠近交通枢纽进行布局。

（3）政策。为了发展城镇的环卫事业，政府会对符合规划布局要求的项目给予相应的政策扶持。

本节通过建立双目标整数规划模型完成中转站的规划，目标之一为最小化规划使用年限内的费用现值，包括中转站的固定投资费用和运营费用以及各级设施之间的垃圾运输费用；另一个目标为最小化居民点所承受的环境总风险，也即所有开放的中转站对居民点产生的年环境负效应综合最小。中转站规划计算的前提是有可供选择的备选点，备选点的来源则需要大量的考察及数据搜集。

根据中转站建设规划，可以将中转站选址问题分为单一中转站选址问题和多中转站选址问题。单一中转站选址无须考虑竞争力、中转站之间需求的分配，中转站成本与数量之间的关系主要考虑运输成本。因此单一中转站选址问题与多中转站选址问题相比是比较简单的一类问题。单一中转站选址适合以镇为单位的收运模式规划，多中转站选址适合以县或更大范围的收运模式规划。

按照选址目标区域的特征，可以将选址问题分为连续选址、网络选址及离散选址三大类。离散选址的目标选址区域是一个离散的候选位置的集合。候选位置的数量通常是有限的且数量很少的。这种模型最切合实际，然而相关的计算和数据收集成本相当高。实际的距离可以在目标函数和约束中使用，还可以包含有障碍和不可行区域的复杂地区。垃圾中转站的选址是典型的离散选址问题。

另外，如果新建中转站可能会影响或改变现有中转站的运营情况，比如新建中转站将原有中转站距离新建中转站较近的收集点划为新建中转站的服务范围，就会降低这部分收集点的收运成本。多个新建中转站之间也有相互影响的关系，在选址过程中应尽可能保证各中转站的最佳服务范围不会重叠。选址模型应尽可能将这种相互影响关系考虑在内。

如何选出备选点可以通过集合覆盖模型来确定。集合覆盖模型是用最小数量的设施去覆盖所有的需求点。可以利用集合覆盖模型确定中转站的备选点后，再使用中转站规划模型进行总体优化、遗传算法进行求解，确定最终中转站建设地址、建设规格以及其服务范围。

3.1.3 村镇收运路径优化

在垃圾收集方式及方法、收集车辆类型、收集次数和作业时间、转运站规模、选址和设备等确定以后，制定经济合理的垃圾车辆收集运输路线，对于提高垃圾的收运效率、降低垃圾处理处置成本尤为关键。

在生活垃圾的全过程管理中，垃圾收运所占的地位举足轻重，收运成本超过总成本的大半，故通过对生活垃圾收运路线的优化，可以产生巨大的经济和社会效益。生活垃圾收运路线优化问题就是合理安排各垃圾运输车收运路线，在不超过运输车的最大载荷的情况下，使得运输车的行车里程尽可能的短，或是收运时间尽可能的短，从而达到经济效益最优。

收运路线设计的主要问题是在一些限制条件下，确定一条路径，使得收集车辆空载行程最小。限制条件包括道路限制（如单行线、禁止转弯、禁止掉头、车流量大的道路灯）、区域限制（政府办公区、繁华地带等）、时间限制（避开车流高峰期、不影响居民休息、不影响商业区营业等）等，确定收运路线应遵循如下原则：

（1）每个作业日每条路线限制在一个地区，收集车辆的起点应尽可能靠近车库，行驶路线尽量紧凑、不零散、不重复，路线上最后一个收集点应离处置点最近；

（2）尽量平衡收集量，使每个收集区域、每条路线的收运时间都大致相等；

（3）交通量大的街道应避开高峰时间，并在一天当中尽可能早地收集，同时还要将道路限制、区域限制等的因素考虑进来；

（4）产生大量垃圾的产生源应在一天中的第一时间段收集；

（5）尽量不影响居民作息，不影响商业区营业等。

村镇地区相比城市地区路网简单、交通量小，基本没有单双行线、禁止转弯、禁止掉头等交通限制，除了场镇等人口较集中的地区，没有收集时间限制，也没有交通拥挤时间限制；但因为路网限制，每条收运路线工作量均衡将导致总体工作量增加。故村镇生活垃圾收运路线主要考虑第一点，即每条收运路线尽可能紧凑，以使总体收运路线长度最短。

综上，村镇生活垃圾收运可以不考虑中转站和最终处置费用以及最终处理过程中产生的环境成本，不考虑路线选择所带来的社会成本，仅考虑垃圾运输成本，路线优化模型以收运路线最短为目标函数来反映收运系统的经济性指标。

3.1.4 中转站效率评价

建成中转站后，需通过评价现存中转站的相对效率，根据评价结果找出造成中转站效率差异的原因，从而对症下药对中转站进行改善。如果评价的结果表明现有的中转站在当前的环境下效率比较低下，就必须对中转站地址重新进行选择，或者将效率低下的中转站关闭，扩建有效的中转站，以使其效用达到最大。因此，有必要建立对中转站运营效果进行评价的模型，用于评判各中转站的运行效率，为进一步决策作参考。

本节采用数据包络分析模型对中转站进行评价，数据包络分析（DEA）是在"相对效率评价"概念基础上发展起来的一种新的系统分析方法。DEA是一种针对具有多指标投入和多指标产出的同类型部门，例如类型相同的高等学校、医院以及政府工作性质相同的职能部门等，进行相对有效性综合评价的方法。DEA能有效地处理多输入多输出的复杂系统，常用于评价非营利部门。垃圾中转站属于城市环卫部门的公共设施，是典型的非营利部门，由于需要了解的是每个中转站的相对效率，所以要选择众多评价方法中的DEA评价。垃圾中转站的建设是为了使垃圾收集作业区域和最终处置区域之间的运输更经济、更有效、更合理，使用垃圾中转站的主要目的就是为了节约运输成本，通过压缩垃圾体积、转换专业车辆运输，减少运输时间及运输里程、大大提高垃圾收运效率。

3.2 村镇收运模式分析

村镇垃圾收运模式主要分为直运和转运模式，直运模式是对村镇垃圾经收集后直接运往处理场；转运模式是先由收集车辆将垃圾收集送往中转站，再由中转站车辆集中送往处理场，可以节约运输成本，该模式适用于垃圾收集点距离处理场较远的村镇。此外，转运模式由于统一的标准化作业运输可有效地减少垃圾在运输途中的泄漏、气味等运输途中对环境造成的污染。村镇垃圾在运往处理场过程中需要根据实际情况选择直运或中转运至处理场，以达到尽可能地成本降低和环境效益的最大化。对此本书构建了直运、中转模式的成本计算模型，通过进行成本比较的方式确定当地垃圾收运采用直运还是中转运输。

3.2.1 模型构建

成本模型中包括车辆折旧成本、转运站折旧成本、转运站运行费用、车辆运输成本、人员工资等。车辆折旧费用采用年限折旧法，根据使用车辆的购买价格、预计使用年限和残值率进行计算，转运站折旧成本同样使用该折旧方法计算。模型包括直运和转运两个成本模型。

3.2.1.1 问题描述和符号说明

在设计村镇收运模式时，为考虑经济及环境效益首先应当确定村镇垃圾采用何种运输方式运至处理场，即选择直运还是转运的运输模式。在距离相对较远的情况下，转运模式可以大大减少运输成本，标准化作业可降低运输途中的环境污染，但同时由于中转站的建设成本需要一次性较大的资金投入以及后续维护运转成本，因而在总成本上转运模式未必有优势，具体如何选择仍需进行准确的成本衡量。本章模型符号说明如下：

$ColPrice$——收集车每辆购置价格；

$TrcPrice$——转运车每辆购置价格；

$ColYear$——收集车辆使用年限；

$TrcYear$——转运车辆使用年限；

e——车辆残值率；

c——车辆平均空载率；

$ColCost$——收集车辆日折旧成本；

$TrcCost$——转运车辆日折旧成本；

$ColUnitCost$——收集车辆年维护、保险等综合费用；

$TrcUnitCost$——转运车辆年维护、保险等综合费用；

$ColV$——收集车辆平均速度；

$TrcV$——转运车辆平均速度；

$ColVcost$——收集车辆单位里程油耗成本；

$TrcVcost$——转运车辆单位里程油耗成本；

$ColMass$——收集车辆装载能力；

$TrcMass$——转运车辆装载能力；

F_{jm}——在中转站备选点 j 建设容量 m 等级的中转站所需的固定成本，元；

$PTSYear$——转运站预计使用年限；

O_{jm}——在 j 地建设容量 m 等级的中转站所需年运营成本（包括站内运行费和人工费等，不包含车辆相关费用），元；

g——车库；

G——车库数量；

i——收集点；

I——收集点的数量；

Q_i——收集点日均垃圾量；

j——中转站备选点；

J——中转站备选点数量；

m——中转站容量等级集合 $m \in \{1, 2, \cdots, M\}$；

k——处理场；

K——处理场的数量；

d_{gi}——车库到收集点的距离；

d_{ij}——收集点与中转站距离；

d_{ik}——收集点与处理场距离；

d_{jg}——转运站 j 到车库的距离；

d_{jk}——转运站 j 到处理场 k 的距离；

d_{kg}——垃圾处理场到车库距离；

$Colt$——收集车辆平均收集满所需时间；

$ColTime$——收集车辆每天工作时间；

$TrcTime$——转运车辆每天工作时间；

$ColSalary$——收集车辆人员月工资；

$ColW$——每辆收集车需要人员数；

$TrcW$——每辆转运车需要人员数；

$TrcSalary$——转运车辆人员月工资；

$TotalCost1$——直运模式成本；

$TotalCost2$——转运模式成本；

$Cost_x$——构成综合成本的不同成本项（$x = 1, 2, \cdots, 10$）；

X_{ij}——二元变量 0 或 1，表示收集点垃圾不运至或运至一级转运站；

X_{ik}——二元变量 0 或 1，表示收集点垃圾不直接送至或直接送至垃圾末端处理场；

X_{jk}——二元变量 0 或 1，表示转运站不送至或送至垃圾末端处理场；

X_{jm}——二元变量 0 或 1，表示是否在 j 地开设等级为 m 的中转站。

3.2.1.2 直运模式日成本模型

直运模式下收集车辆从车场出发前往垃圾收集点进行收集，收集完指定路线后将垃圾送往处理场。该模式下主要成本项为车辆成本、运输成本以及人员工资成本。

（1）收集车辆数计算。

1）收集点区域与处理场的平均距离：

$$D = \sum_{i=1}^{I} \sum_{k=1}^{K} d_{ik} x_{ik}$$

2）收集车辆往返处理场的平均时间：

$$ColT = 2\frac{D}{ColV} + Colt$$

3）收集车辆工作时间内可出行收集平均次数：

$$ColN = \text{round}\left(\frac{ColTime}{ColT}\right)$$

round 表示四舍五入。

4）需要的收集车辆数：

$$Coln = \text{ceil}\left[\frac{\sum_{i=1}^{I} Q_i}{ColN \cdot ColMass \cdot (1-c)}\right]$$

ceil 表示取整进 1。

（2）直运模式各项成本。

1）收集车辆日折旧成本：

$$Cost1 = Coln \cdot \frac{ColPrice \cdot (1-e)}{365ColYear}$$

2）收集车辆维护保养等日平均成本：

$$Cost2 = Coln \cdot \frac{ColUnitCost}{365}$$

3）由于只能取各收集点处理场的距离，而不是规划后的总路线距离，各点垃圾运输成本以单位距离油耗成本与该点垃圾量占车辆载重比例的乘积作为单位距离成本，从而更接近于实际运输成本，以下运输成本也如此计算。收集车辆至处理场运输成本具体表示如下：

$$Cost3 = \sum_{i=1}^{I} \sum_{k=1}^{K} ColVcost \cdot \frac{Q_i}{ColMass} \cdot (2d_{ik}) \cdot x_{ik}$$

4）需要人员工资日成本：

$$Cost4 = coln \cdot \frac{Colw \cdot Colsalary}{30}$$

（3）直运模式总成本。直运模式日成本为：

$$TotalCost1 = Cost1 + Cost2 + Cost3 + Cost4$$

3.2.1.3　转运模式日成本模型

中转模式下收集车辆从车场出发前往指定收集点收集，收集完毕后送往中转站，由转运车辆将中转站垃圾集中送往处理场。转运模式成本项包括前端收集成本、后端转运成本以及转运站成本。

计算转运模式下日运行成本要考虑到转运站的选址、转运站设计规格、维持中转站运转的转运车辆数。由于转运车辆通常为装载满再送至处理场，为点对点运输，距离上为单一路线，故直接选择最佳路线即可，每个转运车辆路线均一致。

A　中转站简单选址

由于中转站选址模型涉及备选点的考察，需要花费较多的时间及人力物力来进行，故转运费用计算前需要先对模式选择区域进行一个简单选址，确定选取转运模式后再进行精确选址。简单选址的原则是：（1）选择备选区域的中心位置或区域边界靠近处理场位置，并且与所有收集点距离都较近；（2）优先选择靠近主运输道路（可高速运输）的位置，尽可能避免运输途中经过交通拥堵区域。简单选址完毕后根据当地垃圾总量确定中转站等级，即中转站的设计运转能力，进而确定该等级中转站的建设费用、运行费用等。

B 收集车辆数与转运车辆数计算

（1）收集点区域与中转站的平均距离：

$$D = \sum_{i=1}^{I} \sum_{j=1}^{J} d_{ij} x_{ij}$$

（2）收集车辆往返中转站的平均时间：

$$ColT = 2\frac{D}{ColV} + Colt$$

（3）收集车辆收集满前往中转站可往返次数：

$$ColN = \text{round}\left(\frac{ColTime}{ColT}\right)$$

（4）所需收集车辆数：

$$Coln = \text{ceil}\left[\frac{\sum\limits_{i=1}^{I} Q_i}{ColN \cdot ColMass \cdot (1-c)}\right]$$

（5）转运车辆从中转站到处理场来回时间：

$$TrcT = 2\frac{d_{jk}}{TrcV}$$

（6）转运车辆工作时间内平均可往返次数：

$$TrcN = \text{round}\left(\frac{TrcTime}{TrcT}\right)$$

（7）需要的转运车辆数：

$$Trcn = \text{ceil}\left[\frac{\sum\limits_{i=1}^{I} Q_i}{TrcN \cdot TrcMass \cdot (1-c)}\right]$$

C 转运模式各项成本

（1）收集车辆日折旧成本：

$$Cost1 = Coln \cdot \frac{ColPrice \cdot (1-e)}{365 ColYear}$$

（2）收集车辆维护保养等日平均成本：

$$Cost2 = Coln \cdot \frac{ColUnitCost}{365}$$

（3）收集车辆运至中转站日运输成本：

$$Cost3 = \sum_{i=1}^{I} \sum_{j=1}^{J} ColVcost \cdot \frac{Q_i}{ColMass} \cdot (2d_{ij}) \cdot x_{ij}$$

（4）需要收集人员工资日成本：

$$Cost4 = Coln \cdot \frac{Colw \cdot Colsalary}{30}$$

（5）转运车辆日折旧成本：

$$Cost5 = Trcn \cdot \frac{TrcPrice \cdot (1-e)}{365 TrcYear}$$

（6）转运车辆维护保养等日均成本：

$$Cost6 = Trcn \cdot \frac{TrcUnitCost}{365}$$

（7）垃圾从中转站运往处理场均为同一车型标准化作业，且为点对点运输，运输路径为两点间最佳路线，运输成本完全取决于运输车次总数以及最佳路线距离。转运车辆从中转站运至处理场运输成本表达公式如下：

$$Cost7 = ceil\left[\frac{\sum_{i=1}^{I} Q_i}{TrcMass \cdot (1-c)}\right] \cdot TrcVCost \cdot (2d_{jk})$$

（8）需要转运人员工资日成本：

$$Cost8 = Trcn \cdot \frac{TrcW \cdot Trcsalary}{30}$$

（9）转运站日折旧成本：

$$Cost9 = \frac{F_{jm} \cdot (1-e)}{365 PtsYear}$$

（10）转运站日运行费用：

$$Cost10 = \frac{O_{jm}}{365}$$

D 转运模式总成本

转运模式下日成本为：

$$TotalCost2 = Cost1 + Cost2 + Cost3 + Cost4 + Cost5 +$$
$$Cost6 + Cost7 + Cost8 + Cost9 + Cost10$$

3.2.1.4 收运模式选择

通过以上计算得出直运和转运模式下的成本，进行比较，选取成本较优的运输模式。但上述计算仅适用于以村镇为单位设计运输模式的情况，即每个村镇都有单独设立中转站的权限，且该中转站仅服务于该镇范围。但在实际考察中得知，更多的情况下，一个中转站可服务于多个村镇，在村镇垃圾每日需转运量较小的情况下，多个镇共用一个中转站能更加提高转运效率以及降低运输成本，在该种情况下本书以县为单位进行直运转运模式的选取计算，直运模式费用依然按照3.1节每个村镇单独求直运费用，再计算县内村镇直运费用总和。转运费用计算中，划定适合单个中转站服务半径的多个区域，每个区域单独进行中转站简单选址并计算转运模式费用。

3.2.2 实证研究

本章选取上海市崇明区城桥镇作为示范案例。城桥镇有 26 个居委会、14 个村委会，其中每个居委会和村委会都各有数个垃圾收集点，为了简化计算，本书将垃圾点进行合并，每一个居委会或村委会作为一个垃圾收集站点，以此进行垃圾收运模式的选择分析。城桥镇各相关数据见表3-1。

表 3-1 城桥镇收集点相关数据

乡镇名称	居、村委名称	户数	常住人口数	日产垃圾量/kg	至城桥中转站距离/km	至垃圾处理场距离/km
城桥镇	南门社区居委会	1383	3515	4534.35	5.6	34.7
城桥镇	花园弄社区居委会	905	2262	2917.98	4.7	34
城桥镇	新崇社区居委会	742	2106	2716.74	6	34.8
城桥镇	城中社区居委会	958	2312	2982.48	4.4	33.8
城桥镇	吴家弄社区居委会	932	2280	2941.2	5.3	34.5
城桥镇	川心街社区居委会	1273	3632	4685.28	4.5	34.5
城桥镇	西泯沟社区居委会	1107	2836	3658.44	3.7	37
城桥镇	东河沿社区居委会	1733	4727	6097.83	3.9	37.2
城桥镇	北门社区居委会	886	1967	2537.43	4.4	33.6
城桥镇	西门南村社区居委会	1613	3954	5100.66	5.2	34.9
城桥镇	西门北村社区居委会	1261	2727	3517.83	5.7	34.6
城桥镇	城西社区居委会	840	2153	2777.37	5.2	34.9
城桥镇	东门社区居委会	611	1443	1861.47	3.8	29.6
城桥镇	玉环社区居委会	922	2345	3025.05	3	36.3
城桥镇	江山社区居委会	1152	3129	4036.41	3.2	32.4
城桥镇	学宫社区居委会	366	1174	1514.46	4.9	33.9
城桥镇	湄洲社区居委会	1109	2845	3670.05	4	33.3
城桥镇	观潮社区居委会	879	2727	3517.83	5.7	35.5
城桥镇	小港社区居委会	549	1941	2503.89	4.1	37.4

乡镇名称	居、村委名称	户数	常住人口数	日产垃圾量/kg	至城桥中转站距离/km	至垃圾处理场距离/km
城桥镇	永凤社区居委会	751	2074	2675.46	4.8	34.5
城桥镇	怡祥居社区居委会	1372	3777	4872.33	4.7	35.2
城桥镇	城东社区居委会	103	466	601.14	7.7	30
城桥镇	明珠社区居委会	907	2879	3713.91	1.8	32.1
城桥镇	金珠社区居委会	408	1852	2389.08	1.9	31.6
城桥镇	海岛社区居委会	521	2482	3201.78	4.3	29.9
城桥镇	金鳌山社区居委会	484	1186	1529.94	4.9	30.6
城桥镇	城桥村村委会	1768	5959	2502.78	3.8	35.9
城桥镇	马桥村村委会	698	1697	712.74	6.6	35.4
城桥镇	运粮村村委会	1088	3108	1305.36	3.1	36.4
城桥镇	新闸村村委会	937	2398	1007.16	6	36
城桥镇	元六村村委会	995	2592	1088.64	9	38.9
城桥镇	湾南村村委会	1121	3204	1345.68	3.5	32.3
城桥镇	利民村村委会	1100	3927	1649.34	3.3	36.5
城桥镇	老滧港村村委会	528	2406	1010.52	4.7	32.3
城桥镇	推虾港村村委会	1106	2646	1111.32	4.7	26.8
城桥镇	鳌山村村委会	1164	2783	1168.86	5.1	32.9
城桥镇	侯南村村委会	1291	7811	3280.62	8.7	29.2
城桥镇	聚训村村委会	1289	3175	1333.5	7.2	31.4
城桥镇	山阳村村委会	1220	3251	1365.42	6.3	30.6
城桥镇	长兴村村委会	1511	3553	1492.26	6.4	31.7

3.2.2.1 城桥镇直运模式日成本分析

城桥镇目前收集车辆均为 5t 自卸车，该车型购置价为 15 万元/辆（*Colprice*），每年维护保养等综合费用为 7000 元（*ColUnitCost*），每辆自卸车需要车组人员 3 名，使用年限为 8 年（*ColYear*），城桥镇每日需收集垃圾量 104t/d，城桥镇的垃圾量在一个中转站可转运量以内，因此只需设一个中转站，即原模型中 $J=1$。崇明区仅有一个处理场，位于竖新镇新征村以北，即 $K=1$。按照模型计算如下：

城桥镇各点与处理场平均距离：$D = \sum_{i=1}^{I} \sum_{k=1}^{1} d_{ik} x_{ik} = 33.7 \text{km}$。

根据调研得知，城桥镇每日收集垃圾时间为早上5∶00~9∶00，收集时间为4个小时（$ColTime$），收集车平均速度为30km/h（$ColV$），车辆收集满垃圾平均时间为50min（$Colt$），一辆收集车往返处理场平均时间为：$ColT = 2\dfrac{D}{ColV} + Colt = 3.08h$。

收集车工作时间内可出行次数$ColN = \text{round}\left(\dfrac{ColTime}{ColT}\right) = 1$次。

需要收集车辆数为$Coln = \text{ceil}\left[\dfrac{\sum\limits_{i=1}^{I} Q_i}{ColN \cdot ColMass \cdot (1-c)}\right] = 26$辆。

（1）26辆收集车辆日折旧成本为$Cost1 = Coln \cdot \dfrac{ColPrice \cdot (1-e)}{365 ColYear} = 1269$元。

（2）26辆车维护保养等日均成本为$Cost2 = Coln \cdot \dfrac{ColUnitCost}{365} = 499$元。

（3）收集车辆每公里油耗费用为1.2元，收集车辆至处理场每日运输成本

$$Cost3 = \sum_{i=1}^{I}\sum_{k=1}^{1} ColVcost \cdot \dfrac{Q_i}{ColMass} \cdot (2d_{ik}) \cdot x_{ik} = 1698 \text{元}。$$

（4）收集车辆人员工资均为上海最低工资标准2190元，人员工资日成本为

$$Cost4 = Coln \cdot \dfrac{Colw \cdot Colsalary}{30} = 5694 \text{元}。$$

据此可由以上各成本项求得直运模式下每日收运总成本为：$TotalCost1 = Cost1 + Cost2 + Cost3 + Cost4 = 9160$元。

3.2.2.2 城桥镇转运模式日成本分析

首先对城桥镇进行中转站简单选址，对比城桥镇中心位置和城桥镇边界区域可知，城桥镇中心区域交通较为繁忙，易拥堵，影响转运车辆的运输速度，故选择城桥镇边界靠近处理场区域作为中转站备选区域，在城桥镇边界区域有高速道路陈海公路，故简单选址将中转站选在鼓浪屿路上靠近陈海公路的位置，也即当前实际城桥中转站所在位置，如图3-2所示。

城桥镇中转站位于鼓浪屿路新引村5队，是我国第一座竖直式压缩中转站，设计规格及运转能力为150t，固定总投资（包括建筑及设备投资）为1230万元（F_{jm}），占地1hm^2，年运营成本为680000元，设计使用年限为18年（$PtsYear$）。各项成本计算如下：

城桥镇各收集点与中转站的平均距离为$D = \sum\limits_{i=1}^{I}\sum\limits_{j=1}^{1} d_{ij}x_{ij} = 4.9km$。

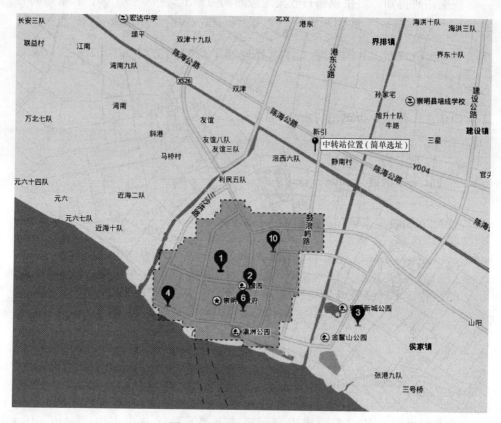

图 3-2 城桥中转站所在位置图

收集车辆往返中转站的平均时间为 $ColT = 2\dfrac{D}{ColV} + Colt = 1.16\text{h}$。

收集车辆工作时间内可收集往返中转站次数 $ColN = \text{round}\left(\dfrac{ColTime}{ColT}\right) = 3$ 次。

所需收集车辆数为 $Coln = \text{ceil}\left[\dfrac{\sum\limits_{i=1}^{I} Q_i}{ColN \cdot ColMass \cdot (1-c)}\right] = 9$ 辆。

中转站使用转运车辆为 15t($TrcMass$) 自卸车型，使用年限为 8 年($TrcYear$)，购置价为每辆 45 万元($TrcPrice$)，年维护保养等费用为 11000 元($TrcUnitCost$)，运输途中平均行驶速度为 50km/h($TrcV$)，转运车只需 1 名工作人员，月工资为 2610 元($TrcSalary$)，每日工作时间早 5：00 ~ 10：00，工作时间为 5h($TrcTime$)。城桥中转站距处理场距离为 30.4km，转运车从中转站至处理场往返时间为 $TrcT = 2\dfrac{d_{jk}}{TrcV} = 1.22\text{h}$。

转运车辆工作时间内可往返处理场次数 $TrcN = \text{round}\left(\dfrac{TrcTime}{TrcT}\right) = 4$ 次。

需要转运车辆数为 $Trcn = \text{ceil}\left[\dfrac{\sum\limits_{i=1}^{I} Q_i}{TrcN \cdot TrcMass \cdot (1-c)}\right] = 3$ 辆。

（1）收集车辆日折旧成本 $Cost1 = Coln \cdot \dfrac{ColPrice \cdot (1-e)}{365 ColYear} = 439$ 元。

（2）收集车辆维护保养等日平均成本为 $Cost2 = Coln \cdot \dfrac{ColUnitCost}{365} = 173$ 元。

（3）收集车辆运至中转站日运输成本为：$Cost3 = \sum\limits_{i=1}^{I} \sum\limits_{j=1}^{1} ColVCost \cdot \dfrac{Q_i}{ColMass} \cdot (2d_{ij}) \cdot x_{ij} = 233$ 元。

（4）收集人员日工资成本 $Cost4 = Coln \cdot \dfrac{Colw \cdot Colsalary}{30} = 1971$ 元。

（5）转运车辆日折旧成本 $Cost5 = Trcn \cdot \dfrac{TrcPrice \cdot (1-e)}{365 TrcYear} = 439$ 元。

（6）转运车辆日均维护保养等成本 $Cost6 = Trcn \cdot \dfrac{TrcUnitCost}{365} = 90$ 元。

（7）转运车每公里油耗费用为 1.5 元，转运车辆日运输成本为 $Cost7 = \text{ceil}\left[\dfrac{\sum\limits_{i=1}^{I} Q_i}{TrcMass \cdot (1-c)}\right] \cdot TrcVCost \cdot (2d_{jk}) = 815$ 元。

（8）转运人员日工资成本为 $Cost8 = Trcn \cdot \dfrac{TrcW \cdot Trcsalary}{30} = 261$ 元。

（9）转运站日折旧成本为 $Cost9 = \dfrac{F_{jm} \cdot (1-e)}{365 PtsYear} = 1779$ 元。

（10）转运站日运行成本为 $Cost10 = \dfrac{O_{jm}}{365} = 1863$ 元。

综合各项成本，求得转运模式下每日总成本为 $TotalCost2 = Cost1 + Cost2 + Cost3 + Cost4 + Cost5 + Cost6 + Cost7 + Cost8 + Cost9 + Cost10 = 8063$ 元。

两种模式的收运成本对比见表 3-2。

表 3-2　直运/转运模式成本对比

直运模式成本/元		转运模式成本/元	
收集车辆日折旧成本	1269	收集车辆日折旧成本	439
车辆维护保养等日均成本	499	收集车辆维护保养等日平均成本	173

续表3-2

直运模式成本/元		转运模式成本/元	
收集车辆至处理场每日运输成本	1698	收集车辆运至中转站日运输成本	233
人员工资日成本	5694	收集人员日工资成本	1971
		转运车辆日折旧成本	439
		转运车辆日均维护保养等成本	90
		转运车辆日运输成本	815
		转运人员日工资成本	261
		转运站日折旧成本	1779
		转运站日运行成本	1863
直运模式日均总成本	9160	转运模式日均总成本	8063

中转模式下日成本8063元，显著小于直运模式下9160元的成本，故城桥镇应当选择转运模式进行垃圾的收运。城桥镇实际已建有中转站，本章假定为城桥镇无中转站进行的实证研究，得出的结论刚好与目前城桥镇的实际模式选择一致，验证了该模型有效。

实际中转站运行中一个中转站往往服务多个镇，一个镇垃圾收运也可能运往多个中转站。城桥中转站所服务区域不仅包括城桥镇范围内，还包括建设镇以及港西镇东部，港西镇西部垃圾运往庙镇垃圾转运站。据此在下文转站选址模型中对包含多个镇区的大范围区域进行多中转站选址，具体将在后文说明。

3.3 村镇垃圾中转站选址优化

中转站作为一种邻避型环卫设施，若离居住区太近，会给村民带来一定的环境污染风险，关于风险的度量方法，国内外的许多学者已经做了相关研究，Erkut和Neuman提出风险的度量方式可用 $(S_i)^p (d_{ij})^q$ 来表达，其中 p、q 为依经验确定的常数；S_i 为污染源 i 所包含的污染物总量；d_{ij} 为污染源 i 与居住区 j 之间的欧氏距离。Melachrinoudis 等指出，污染物不是向特定的方向扩散，而是不均地向周围各处扩散，因此提出了污染扩散因子的表达式为 $l_{ij} = d_{ij}^{-a_i + b_i(\theta_{ij} - \phi_i)}$，并认为居住区居民承担的环境风险＝该地居民人口数×污染源的污染物总量×污染扩散因子，其中，d_{ij} 为污染源 i 与居住区 j 之间的欧式距离；a_i、b_i 为依经验确定的常数；θ_{ij} 为污染源 i 与居住区 j 之间连线与 x 轴的夹角；ϕ_i 为污染源 i 中的污染物最大扩散方向与 x 轴间的夹角。Giannikos 认为风险可以由 S_i^q / d_{ij}^r 来度量，其中，S_i 为垃圾处理场 i 的容量；d_{ij} 为垃圾处理场 i 与居住区 j 之间的距离函数；q、r 为依经验确定的常数。

由于受自然因素、地理环境等因素影响，不同的污染源对居住区的风险程度有一定的差异，对于中转站选址问题中的环境风险，本节提出用 $(W_{jm})^{q_j} d_{ij}{}^{-p(\theta_{ij}\phi_j)}$ 表示垃圾中转站 j 给居住区 i 造成的风险，其中 W_{jm} 为容量等级为 m 的备选中转站 j 处理的垃圾总量；q_j 为备选中转站 j 的负效应指数；$p(\theta_{ij}, \phi_j)$ 为 θ_{ij} 和 ϕ_j 的函数；θ_{ij} 为备选中转站 j 与居住区 i 之间连线与 x 轴的夹角；ϕ_j 为备选中转站 j 的最大扩散方向与 x 轴间的夹角。

3.3.1 模型构建

为了方便说明问题，现对村镇生活垃圾中转站选址与回收网络优化问题作如下假设：

（1）所有的垃圾中转站备选点已通过某些重要指标的论证，且符合相关的法律法规；

（2）新建的垃圾中转站仅在已知的备选点中选择；

（3）中转站的建设费用、生活垃圾的单位运输费用已知；

（4）生活垃圾的总运输费用与垃圾运输距离及垃圾运输量是简单线性关系；

（5）计划期内居民人口数与各垃圾收集点的垃圾量是确定的，并在一定时期内保持不变。

3.3.1.1 参数和决策变量

（1）下标：

i——垃圾收集点（即居民区）集合，$i \in \{1, 2, \cdots, I\}$；

j——中转站备选点集合，$j \in \{1, 2, \cdots, J\}$；

m——中转站容量等级集合，$m \in \{1, 2, \cdots, M\}$；

k——垃圾处理厂集合，$k \in \{1, 2, \cdots, K\}$。

（2）参数：

F_{jm}——在中转站备选点 j 建设 m 容量等级的中转站所需的固定成本，元；

T——中转站计划运营年限，年；

t_0——中转站建设期，年；

r——现值转化贴现率；

V_{jm}——在中转站备选地 j 建设 m 容量等级的中转站所需的年运营成本，元；

C_{ij}——从垃圾收集点 i 到中转站 j 的单位垃圾量单位运输距离的运输费用，元/（t·km）；

D_i——垃圾收集点所产生的垃圾量，t；

d_{ij}——垃圾收集点 i 到备选中转站 j 的距离，km；

d_{jk}——备选中转站 j 到垃圾处理厂 k 的距离，km；

B_{jk}——从备选中转站 j 到垃圾处理厂 k 的单位垃圾量单位运输距离的运输费

用，元/（t·km）；

q_j——备选中转站 j 的负效应指数；

θ_{ij}——备选中转站 j 与垃圾收集点 i 之间连线与 x 轴的夹角；

ϕ_j——备选中转站 j 的最大扩散方向与 x 轴之间的夹角；

W_{jm}——容量等级为 m 的备选中转站 j 的处理能力，t；

W_k——垃圾处理厂 k 的日平均处理能力，t/d；

P_i——居民区 i 的人口数，人；

R_i——备选中转站对居民区 i 所产生的环境负效用。

（3）决策变量：

$$X_{jm} = \begin{cases} 1, & \text{在 } j \text{ 地开设容量等级为 } m \text{ 的中转站} \\ 0, & \text{否则} \end{cases}$$

$$Z_{ij} = \begin{cases} 1, & \text{垃圾收集点 } i \text{ 产生的垃圾运到中转站 } j \\ 0, & \text{否则} \end{cases}$$

$$y_{jk} = \begin{cases} 1, & \text{中转站 } j \text{ 的垃圾运往垃圾处理厂 } k \\ 0, & \text{否则} \end{cases}$$

3.3.1.2 数学模型

数学模型如下：

$$\min \sum_{j \in J} \sum_{m \in M} X_{jm} F_{jm} + \sum_{t \in T} \sum_{j \in J} \sum_{m \in M} \frac{V_{jm} X_{jm}}{(1+r)^{t-t_0}} + \sum_{t \in T} \sum_{i \in I} \sum_{j \in J} \frac{365 \, C_{ij} \, D_i \, d_{ij} \, Z_{ij}}{(1+r)^{t-t_0}} +$$

$$\sum_{t \in T} \sum_{k \in K} \sum_{j \in J} \frac{365 \, B_{jk} \, d_{jk} \, y_{jk}}{(1+r)^{t-t_0}} \sum_{i \in I} D_i \, Z_{ij} \tag{3-1}$$

$$\min \sum_{i \in I} P_i \, R_i \tag{3-2}$$

s. t.

$$\sum_{j \in J} Z_{ij} = 1, \quad \forall i \in I \tag{3-3}$$

$$\sum_{k \in K} y_{jk} = 1, \quad \forall j \in J \tag{3-4}$$

$$Z_{ij} \leqslant X_{jm}, \quad \forall i \in I, \, j \in J, \, m \in M \tag{3-5}$$

$$\sum_{m \in M} X_{jm} \leqslant 1, \quad \forall j \in J \tag{3-6}$$

$$\sum_{i \in I} D_i \, Z_{ij} \leqslant \sum_{m \in M} W_{jm} \, X_{jm}, \quad \forall j \in J \tag{3-7}$$

$$\sum_{j \in J} y_{jk} \sum_{i \in I} D_i \, Z_{ij} \leqslant W_k, \quad \forall k \in K \tag{3-8}$$

$$R_i = \sum_{j \in J} \sum_{m \in M} (W_{jm} \, X_{jm})^{q_j} \, d_{ij}^{-p(\theta_{ij}, \, \phi_j)}, \quad \forall i, \, j, \, m \tag{3-9}$$

$$X_{jm}, \ Z_{ij}, \ y_{ik} \in \{0, \ 1\}, \quad \forall i, \ j, \ k, \ m \tag{3-10}$$

该模型是一个多目标整数规划模型，目标（3-1）为最小化规划使用年限内的费用现值，包括建设中转站的固定投资费用和运营费用，以及各级处理设施之间的垃圾运输费用，通过贴现率进行转换（每年以 365 天计）。目标函数（3-2）为最小化所有居民点所承受的环境总风险，含义为所有开放的中转站对居民点产生的年环境负效应总和。式（3-3）保证每个垃圾收集点的垃圾只被运至一个中转站。式（3-4）保证每个中转站的垃圾只被运至一个处理场。式（3-5）表示只有开放的中转站才能接受从垃圾收集点运来的垃圾。式（3-6）表示一个中转站备选点只能建立一个某种容量等级的中转站。式（3-7）表示中转站处理能力的限制。式（3-8）表示处理场处理能力的限制。式（3-9）定义了负效应度量 R_i。式（3-10）约束了各决策变量的取值范围。

3.3.1.3 基于遗传算法的多目标中转站选址问题的设计和求解

A 基因编码

本书采用基于序数的实数对染色体进行编码。首先对各垃圾收集点、备选中转站以及所有的垃圾处理场进行实数编号，然后根据解的特点来确定其染色体的构成。具体如下：

决策变量 X_{jm} 的编码矩阵为 $T_M^{\mathrm{T}} = \begin{bmatrix} 1, & 2, & \cdots, & M \end{bmatrix}$，对应基因段 $gene\_ v = X_{jm} \cdot T_M$ 是 $J \times 1$ 整数向量。决策变量 Y_{jk} 的编码矩阵为 $T_K^{\mathrm{T}} = \begin{bmatrix} 1, & 2, & \cdots, & K \end{bmatrix}$，对应基因段 $gene\_ w = Y_{jk} \cdot T_K$ 是 $J \times 1$ 正整数向量。决策变量 Z_{ij} 的编码矩阵为 $T_J^{\mathrm{T}} = \begin{bmatrix} 1, & 2, & \cdots, & J \end{bmatrix}$，对应基因段 $gene\_ u = Z_{ij} \cdot T_J$ 是 $I \times 1$ 正整数向量。

B 约束条件处理和适应度值分配

适应度值的计算是为了衡量每一个满足问题解的质量，本节建立的模型是一个多目标整数规划模型，且两个目标函数都是求其最小值，故需要运用多目标优化的适应度值分配机制来确定个体适应度值。

在中转站选址问题中，引入罚函数来处理约束条件，罚函数的构造方法是：

$$P(s) = \sum_{l=1}^{L} \max\left(h_l(s), \ 0\right)$$

式中　　$h_l(s)$——约束函数；

　　　　L——约束条件总数。

罚函数为：

$$P(s) = \sum_{i=1}^{I} \sum_{j=1}^{J} \sum_{m=1}^{M} \max\left(Z_{ij} - X_{jm}, \ 0\right) + \sum_{j=1}^{J} \max \sum_{i=1}^{I} \left(P_i Z_{ij}, \ 0\right)$$

则构造如下的函数：

$$g_1(s) = f_1(s) + pn_1 P(s)$$

$$g_2(s) = f_2(s) + pn_2 P(s)$$

式中，pn_1、pn_2 为惩罚项系数，它们是随着进化代数的增加而逐渐增加的，根据每个个体的函数值用适应度值函数计算它们的适应适度值 F。

C　选择操作

该算法中使用轮盘赌机制来进行遗传父代的选择，轮盘赌是指根据个体解的适应度值来选择个体，适应度值大的个体获得较大的被选中概率，同时适应度值低的个体也有被选中的概率，首先计算个体的适应度总和 $S = SUM(f_1, f_2, \cdots, f_m)$；然后计算各样本的相对概率集：$R = \{R_1, R_2, \cdots, R_m\}$，其中 $R_i = f_i/S$；最后将 R 进行累加，并随机获取一个 $0 \sim 1$ 的实数 r，使得 r 小于累加的 R，输出被选中的个体。

D　杂交和变异

本节采用的杂交方法是两点均匀杂交，杂交概率设置为 $P_c = 0.9$，两个不同的杂交父代杂交后随机产生两个不同的杂交点，如：

父代一 37868104828 | 425672555544 | 876776673

父代二 38113102272 | 776656556549 | 947776662

然后随机产生一个介于 0 和 1 之间的一个数 ε，如果 $\varepsilon \in [0, 1/3]$，则两个父代在第一个杂交点之前的部分相互交换第一段；如果 $\varepsilon \in (1/3, 2/3]$，则在两点之间的部分交换第二部分；如果 $\varepsilon \in (2/3, 1]$，则交换第三部分。例如当 $\varepsilon = 1/2$ 时，则两个父代交换中间部分，于是可以得到两个新的后代：

后代一 37868104828776656556549876776673

后代二 38113102272425672555544947776662

本节的变异率设定为 $P_m = 0.001$，根据变异概率选择某一个个体染色体，并将其中的一个基因位取为相反的数字。

E　算法流程

第 1 步：初始化相关参数，并给定整个种群规模 N 及归档集规模 M，给定最大迭代次数 G_{max}，杂交概率 p_c 以及变异概率 p_m；

第 2 步：设置当前的算法迭代次数 $G_c = 0$，根据种群规模随机产生初始种群 p_0，设置全局最优适应度值 $f_{best}(C) = 0$，最优适应度个体 $C_{best} = C_0$；

第 3 步：设置当前算法迭代次数 $G_c = G_c + 1$，通过适应度函数算出种群中个体的适应度值；

第 4 步：根据上一步计算的个体适应度值，使用适应度值大优先的轮盘赌方法选择个体来作为遗传父代；

第 5 步：对于被选中的个体，根据交叉概率及变异概率进行交叉变异操作，从而产生新的种群；

第 6 步：计算新种群中个体的适应度值，选择适应度值最高的个体 c，将其与全局最优适应度值 $f_{best}(C)$ 进行比较，若其适应度值优于全局最优适应度值，则更新全局最优适应度值 $f_{best}(C)=f_{best}(C')$，并记录适应度值最高的个体 $C_{best}=C'$；

第7步：判断当前迭代次数是否满足要求，若不满足，执行第3步，否则执行下一步；

第8步：根据记录的最优适应度值的个体 C_{best}，将其解码为所求问题的全局最优解，并输出结果。

3.3.2 实证研究

上海市崇明区现有城桥镇、堡镇、新河镇、庙镇、竖新镇、向化镇、三星镇、港沿镇、中兴镇、陈家镇、绿华镇、港西镇、建设镇、新海镇、东平镇、长兴镇16个镇和新村乡、横沙乡2个乡。崇明区现有垃圾中转站6个，分别分布在陈家镇、庙镇、新河镇、港西镇、三星镇、横沙乡，现有垃圾填埋场1个，一个焚烧厂在建中，均位于竖新镇新征村以北。

本书选取崇明区主岛西部地区作为研究对象，具体如图3-3中区域所示，有城桥镇、港西镇、建设镇、绿华镇、庙镇、三星镇、竖新镇、新村乡、新河镇共9个乡镇，剔除距离处理厂10km以内的区域，包含村委会和居委会共有167个。为便于计算，本章中将这167个村委会、居委会各作为一个垃圾点。该区域包含4个已建中转站，为配合本章中转站选址的研究，假定该区域未建有中转站，4个中转站位置作为中转站备选点进行研究。整理后的各村镇收集点的垃圾量见表

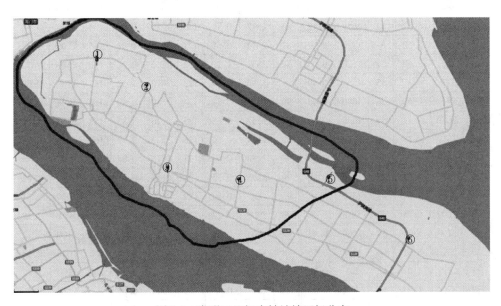

图3-3　崇明区垃圾中转站填埋场分布

①三星镇中转站；②庙镇中转站；③城瀛中转站；④新河镇中转站；⑤垃圾填埋场；⑥陈家镇中转站

3-3，垃圾收集点距中转站的距离见表3-4，备选中转站的固定投资费用和容量等级见表3-5，备选中转站到处理厂的距离见表3-6。

表3-3　垃圾收集点人口数及垃圾量　　　　　　（人、t/d）

序号	人口数	垃圾量	序号	人口数	垃圾量	序号	人口数	垃圾量	序号	人口数	垃圾量	序号	人口数	垃圾量
1	3515	4.53	35	2646	1.11	69	1300	0.55	103	2041	0.86	137	2392	1.00
2	2262	2.92	36	2783	1.17	70	1225	0.51	104	1464	0.61	138	2165	0.91
3	2106	2.72	37	7811	3.28	71	898	0.38	105	1729	0.73	139	1751	0.74
4	2312	2.98	38	3175	1.33	72	848	0.36	106	2022	0.85	140	1745	0.73
5	2280	2.94	39	3251	1.37	73	425	0.18	107	2288	0.96	141	1574	0.66
6	3632	4.69	40	3553	1.49	74	2574	1.08	108	1075	0.45	142	1947	0.82
7	2836	3.66	41	3110	1.31	75	2285	0.96	109	1980	0.83	143	2184	0.92
8	4727	6.10	42	2566	1.08	76	2214	0.93	110	2486	1.04	144	1163	0.49
9	1967	2.54	43	2124	0.89	77	1663	0.70	111	2345	0.98	145	3800	1.60
10	3954	5.10	44	1625	0.68	78	1575	0.66	112	1420	0.60	146	4801	2.02
11	2727	3.52	45	1511	0.63	79	2585	1.09	113	1439	0.60	147	3200	1.34
12	2153	2.78	46	2925	1.23	80	2020	0.85	114	1779	0.75	148	1500	0.63
13	1443	1.86	47	1061	0.45	81	1825	0.77	115	1549	0.65	149	2706	1.14
14	2345	3.03	48	1331	0.56	82	2652	1.11	116	2037	0.86	150	3000	1.26
15	3129	4.04	49	2482	1.04	83	1345	0.56	117	1500	0.63	151	2400	1.01
16	1174	1.51	50	3057	1.28	84	1690	0.71	118	1234	0.52	152	1600	0.67
17	2845	3.67	51	2294	0.96	85	2201	0.92	119	1503	0.63	153	3300	1.39
18	2727	3.52	52	2659	1.12	86	1812	0.76	120	1722	0.72	154	1430	0.60
19	1941	2.50	53	1470	0.62	87	2013	0.85	121	3045	1.28	155	2500	1.05
20	2074	2.68	54	1520	0.64	88	2852	1.20	122	1712	0.72	156	2680	1.13
21	3777	4.87	55	1158	0.49	89	1595	0.67	123	3610	1.52	157	1900	0.80
22	466	0.60	56	1080	0.45	90	767	0.32	124	2350	0.99	158	1844	0.77
23	2879	3.71	57	1035	0.43	91	1557	0.65	125	2020	0.85	159	2300	0.97
24	1852	2.39	58	1200	0.50	92	1574	0.66	126	1173	0.49	160	1800	0.76
25	2482	3.20	59	1306	0.55	93	1283	0.54	127	1995	0.84	161	260	0.11
26	1186	1.53	60	1156	0.49	94	1795	0.75	128	2156	0.91	162	1100	1.42
27	5959	2.50	61	1599	0.67	95	936	0.39	129	537	0.23	163	2950	3.81
28	1697	0.71	62	950	0.40	96	2905	1.22	130	1770	0.74	164	850	1.10
29	3108	1.31	63	1000	0.42	97	1800	0.76	131	1870	0.79	165	2100	2.71
30	2398	1.01	64	1201	0.50	98	1790	0.75	132	2250	0.95	166	1650	2.13
31	2592	1.09	65	283	0.12	99	1500	0.63	133	2560	1.08	167	1100	1.42
32	3204	1.35	66	426	0.55	100	1811	0.76	134	1500	0.63			
33	3927	1.65	67	1529	0.64	101	2500	1.05	135	1976	0.83			
34	2406	1.01	68	538	0.23	102	1362	0.57	136	1630	0.68			

表3-4 垃圾收集点至中转站备选点的距离 (km)

序号	收集点至备选点距离				序号	收集点至备选点距离				序号	收集点至备选点距离			
	1	2	3	4		1	2	3	4		1	2	3	4
1	28.8	20.3	5.6	17.5	37	34.1	23.6	8.7	10.7	73	14	22	26.6	36.3
2	27.9	19.5	4.7	16.8	38	32.7	22.2	7.2	12.9	74	23.9	16.1	11.2	22.6
3	28.7	20.3	6	17.6	39	31.7	21.2	6.3	13.4	75	23.1	15.3	10.4	21.8
4	27.7	19.3	4.4	16.6	40	30.6	20.1	6.4	12.1	76	21.9	14.1	9.1	20.5
5	28.1	19.7	5.3	17.3	41	24.2	15.8	3.9	15.5	77	21.8	14.4	12.3	23.7
6	27.6	19.1	4.5	17.1	42	22.7	12.5	4.3	16.1	78	18.5	11.1	10.5	21.9
7	27	18.6	3.7	19.8	43	18.6	6.9	10.3	19.3	79	19.7	12.1	8.5	19.9
8	26.2	17.7	3.9	18.7	44	22	10.2	6.6	18.2	80	20.1	9.4	7.8	19.2
9	27.6	19.1	4.4	16.4	45	20.9	9.1	8	19.3	81	18.5	9	10.2	21.6
10	27.9	19.5	5.2	17.7	46	21	13.2	7.5	19	82	17.6	10.2	9.6	21
11	27.6	19.2	5.7	17.4	47	21.3	9.5	10.5	19.4	83	10.2	12.4	14.6	25.96
12	27.8	19.4	5.2	17.7	48	20.2	8.4	9	19.1	84	14.2	11.1	13.2	24.6
13	27.7	19.3	3.8	16.6	49	24.2	14.4	3.6	15.1	85	18	13.7	15.8	27.2
14	27.8	19.3	3	15.3	50	36.5	12.5	4.9	16.4	86	17	11.5	11.6	23
15	28.8	19	3.2	15.2	51	22.9	11.1	6.8	18.3	87	15.2	6.5	13	23.8
16	28	19.6	4.9	16.7	52	31.5	17.7	1.4	14.4	88	14.1	7.4	12.8	24.2
17	28.5	19.8	4	16.1	53	33.8	24.3	9.5	8.6	89	12.2	9.3	14.7	26.1
18	28.4	19.7	5.7	18.2	54	32.9	21.7	8.6	7.1	90	2.3	16.2	18.3	37.1
19	26.3	17.9	4.1	18.8	55	33	21.2	9	6.6	91	19.8	7.7	11.5	22.9
20	27.4	19	4.8	17.3	56	32.2	20.4	9.6	7.6	92	17.5	4.3	13.1	21.8
21	26.7	18.3	4.7	18	57	31.9	20.1	9.4	7	93	17.6	7.2	15.5	26.9
22	33.1	22.6	7.7	11.5	58	32.1	20.3	7.2	7.7	94	17.2	6	17.4	27.3
23	27.4	18.1	1.8	14.8	59	27.4	15.6	8.2	13.2	95	15.6	4.4	14.7	23.9
24	27.6	17.8	1.9	14.9	60	30.2	18.4	7.9	8.8	96	16.7	2.8	16.7	25.7
25	29.9	20.6	4.3	12.7	61	28.8	17	6.6	10.1	97	17	5.7	14.9	26.2
26	30.5	21.2	4.9	14.9	62	28	18.4	4	10.6	98	16.2	5	15.8	26.3
27	28.2	18.1	3.8	18	63	27.9	16.1	5.8	12.6	99	15.7	3.8	17	26
28	24.9	17.6	6.6	18.1	64	26.1	14.4	9.9	15	100	14.4	4.3	18.5	27.5
29	28.7	19	3.1	19.2	65	30.2	18.4	17.8	18.3	101	10.5	6.9	23.2	32.9
30	26.3	19.1	6	18.8	66	11.2	21	25.3	36.8	102	7.7	19.5	24.2	38.8
31	28.4	21.1	9	21.7	67	13.2	21.5	25.9	37.3	103	6.2	18	23.9	46.2
32	24.9	15.4	3.5	15.1	68	14.3	20.2	23.1	34.5	104	12.1	12.8	14.9	26.3
33	26.6	18.1	3.3	18	69	12.3	22.3	26.7	38.1	105	8.6	16.1	20.5	31.9
34	30.3	20.5	4.7	15.1	70	13.4	24.4	30.2	44.8	106	4.9	16.7	25.4	36.3
35	36	25.5	4.7	9.6	71	10.8	21.8	27.6	38.5	107	7	11.9	23.5	33.2
36	30.7	21.4	5.1	15.8	72	10.2	21.2	27	41.5	108	13.7	14.4	16.5	27.9

序号	收集点至备选点距离				序号	收集点至备选点距离				序号	收集点至备选点距离			
	1	2	3	4		1	2	3	4		1	2	3	4
109	10.4	12.5	16	27.4	129	29.1	17.3	16.7	13.2	149	38.6	28.1	14.4	8.1
110	7.4	14.4	20	31.5	130	45.1	33.3	21.1	9.2	150	39.1	28.6	14.8	5.2
111	11.6	10.1	17.4	28.8	131	46.4	34.6	20.9	11.3	151	43.5	33	19.2	9.6
112	8.1	9.9	21.5	31.2	132	46.3	34.6	21.4	10.3	152	40	28.2	15.9	4
113	8.6	13.7	17.6	28.3	133	46.2	35.5	20.7	11.1	153	39	28.5	14.7	3.3
114	9.8	14.9	19	30.4	134	43.6	35.7	19.4	9.8	154	40.4	29.9	16.2	4.7
115	11.9	9	17.9	29.3	135	43.8	33.1	18.3	8.7	155	39.4	27.6	16.5	3.5
116	4.3	16.1	24.3	35.7	136	50.2	38.4	22.4	12.8	156	37.7	25.9	13.7	0.3
117	1.8	15.7	27.4	36.2	137	51.1	39.3	23.3	13.7	157	35.8	24	11.8	3.3
118	9.2	8.8	20.4	30.1	138	50.2	36.7	22.9	13	158	38.2	27.5	15.2	1.3
119	0.8	12.6	25.5	36.4	139	11.3	6.2	23.4	32.2	159	39.9	28.8	15.8	4.7
120	6.9	12.3	23.9	33.6	140	8.5	9	26.1	34.9	160	40.3	28.5	16.2	4.4
121	8.8	17	21.4	32.8	141	6.7	10.2	27.4	36.1	161	39.9	18.8	23.9	10.2
122	5.4	17.2	23.4	34.3	142	5.9	10.4	27.6	36.4	162	40.6	30.6	16.4	6.8
123	44.2	36.4	22.7	7.4	143	3.8	12.5	29.7	38.9	163	40.9	30.4	16.6	7.1
124	44.6	32.8	20.3	8.5	144	5.5	14.7	31.9	40.6	164	40.6	30.6	16.4	6.8
125	43.8	32.2	20	8.1	145	45.2	33.5	19.7	10.1	165	40.6	30.8	16.1	6.5
126	42.3	30.5	18.3	6.4	146	40.8	30.3	16.5	6.9	166	40.6	30.6	16.4	6.8
127	42.3	30.5	19	7.1	147	38.9	28.4	14.7	7.6	167	40.6	30.6	16.4	6.8
128	43	29.5	17.3	5.4	148	39.9	29.4	15.7	6					

表 3-5 中转站容量等级

内　容	中转站等级		
	1	2	3
处理能力/t	50	100	150
固定投资/万元	206	380	540
年运营成本/万元	37	68	95

表 3-6 中转站备选点至处理厂的距离　　　　　（km）

处理厂	备选中转站			
	1	2	3	4
	53.1	41.1	30.4	19.5

本节采用 matlab2015a 编写模型求解程序，各参数设置如下：种群规模 $N=$ 80，杂交概率 $P_c=0.9$，变异概率 $P_m=0.001$，进化代数为 220 代，耗时 31.2118s，最后求得的相对最优解见表 3-7。

表 3-7 中转站选址优化结果

建立的中转站	中转站容量等级	由其服务的垃圾收集点	目标函数值（成本）/元	目标函数值（环境负效应）
备选中转站 1	1	31，67，68，69，70，71，72，73，87，90，99，102，103，104，105，106，108，109，110，112，113，114，115，116，117，118，121，139，142，143，144，154		
备选中转站 2	1	5，7，20，22，30，43，44，49，50，51，53，54，57，59，60，65，66，74，78，79，83，84，85，86，88，89，91，92，93，95，96，97，98，100，101，107，111，120，129，140，141，148，160，161	27359180.5086	8544301.9394
备选中转站 3	3	1，2，3，4，8，9，10，11，12，13，14，15，16，18，19，21，23，24，25，26，27，28，29，32，33，37，38，40，41，42，45，46，47，48，52，56，62，63，64，75，76，77，80，81，94，119，125，130，132，147，149，156		
备选中转站 4	1	6，17，34，35，36，39，55，58，61，123，124，126，127，128，131，133，134，135，136，137，138，145，146，150，151，152，153，155，157，158，159，162，163，164，165，166，167		

由上述结果可以看出，应在崇明岛西部备选点 1、2、4 各建一容量等级 1 日运转能力为 50t 的中转站，备选点 3 建容量等级 2 日运转能力为 100t 的中转站。各中转站服务范围见表 3-7，以保证崇明岛西部区村镇的垃圾能够及时得到经济高效的清运处理。

3.4 村镇垃圾收运路线优化研究

垃圾收运费用占整个垃圾处理系统费用的 70%～80%，合理选择并优化垃圾收运路线，可以节约时间，缩短行驶距离，可以合理安排车辆调度，减少车辆投入数，车辆的燃油费用、维修费用也随之减少；可以发挥更大效率的人力资源，缓解环境污染，降低社会影响。

由村镇垃圾收运模式研究可知，城桥镇无论在实际上还是理论上都应选择转运模式。收运模式确定后，问题就在于微观的实际运作上，即村镇垃圾收运路线优化。本节建立村镇垃圾收运路线问题的模型，采用人工蜂群算法方案对城桥镇的垃圾收运路线进行优化，以期达到运输成本最小的目标。

3.4.1　村镇垃圾收运路线问题的描述

在一个收集区域内，垃圾收运的大致过程为：每辆车由车库出发，到未经服务的垃圾点收集垃圾，当车辆满载不能继续装载垃圾时，就运到中转站或处理场卸空垃圾；车辆卸空后再返回继续收集，满载后开往中转站或处理厂卸空；直至服务完所有的垃圾收集点，车辆返回车库。已知下面条件：

（1）车库和收集点、收集点与收集点、收集点和中转站或处理厂、中转站或处理厂与车库的距离。

（2）各收集点的垃圾量。

（3）每辆车的最大载荷。

具体问题描述为：在满足车辆时间和载重约束的前提下，如何合理安排车辆的收运路线，在满足每个垃圾收集点被服务且只被服务一次的同时，使运输成本最小。具体的物流过程如图 3-4 所示。

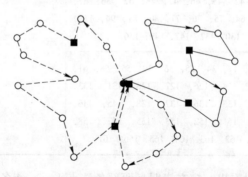

图 3-4　垃圾收运物流过程示意
○—垃圾收集点；■—中转设施；●—车库

以下用一张网络图代表整个垃圾收运区域，用 G 表示这个区域，$G = (V, A)$，其中：$V = V_d \cup V_f \cup V_c$；节点 $V_d = \{0\}$，代表车库；节点 $V_f = \{1, \cdots, m\}$ 代表 m 个中转设施；节点 $V_c = \{m+1, \cdots, m+n\}$ 代表 n 个垃圾收集点；$A = \{(i, j) \mid i, j \in V, i \neq j\}$ 代表不同节点间的弧集。q_i 代表垃圾收集点的垃圾量，s_i 代表垃圾收集点需要的被服务时间，车辆工作时间限定为 $[a_i, b_i]$，c_{ij} 为每条弧 (i, j) 对应的运输成本，t_{ij} 为每条弧 (i, j) 对应着的服务时间，d_{il} 为 l 车辆到达节点 $i \in V$ 时的载重。以下假定 k 辆车都为同一类型的车，即拥有同样的载重 Q；在垃圾收运过程中，"简单路径"表示每辆车由空载到满载的过程，"车辆路径"表示一辆车一天中所有的简单路径和。

3.4.2 模型构建

3.4.2.1 问题的模型

为构建数学模型做以下定义。

定义变量：

$$X_{ijl} = \begin{cases} 1, & l \text{ 车辆经过弧}(i, j) \\ 0, & \text{其他} \end{cases}$$

车库被分离成起点和终点 $\{0, 0'\}$。

垃圾收运的数学模型如下：

$$\min \sum_{(i, j) \in A} C_{ij} \sum_{l \in K} X_{ijl} \tag{3-11}$$

$$\sum_{j \in V} X_{0jl} = 1 , \ \forall l \in K \tag{3-12}$$

$$\sum_{i \in V} X_{i0'l} = 1 , \ \forall l \in K \tag{3-13}$$

$$\sum_{i \in V} \sum_{l \in K} X_{ijl} = 1 , \ \forall j \in V_c \tag{3-14}$$

$$\sum_{i \in V} X_{ijl} = \sum_{i \in V} X_{jil} , \ \forall j \in V_c \cup V_f, \ l \in K \tag{3-15}$$

$$a_i \leqslant w_{il} \leqslant b_i , \ \forall i \in V, \ l \in K \tag{3-16}$$

$$w_{il} + s_i + t_{ij} \leqslant w_{jl} + (1 - X_{ijl})M , \ \forall (i, j) \in A, \ l \in K \tag{3-17}$$

$$\sum d_{0l} = 0 , \ \forall l \in K \tag{3-18}$$

$$d_{il} + q_i + t_{ij} \leqslant d_{jl} + (1 - X_{ijl})M , \ \forall i \in V, \ j \in V, \ l \in K \tag{3-19}$$

$$d_{il} \leqslant C , \ \forall i \in V, \ l \in K \tag{3-20}$$

$$d_{il} \geqslant 0 , \ \forall i \in V, \ l \in K \tag{3-21}$$

目标函数式（3-11）使得总运输成本最小；约束条件（3-12）表示每辆车都由车库出发；约束条件（3-13）表示每条车辆路径都回到车库；约束（3-14）保证了每个收集点有且只被服务一次；约束（3-15）表示车辆到达一个点的同时也必须离开这个点，保证了车辆路径始终为环形；约束（3-16）和约束（3-17）保证时间约束；约束（3-18）~约束（3-21）保证载重约束。

3.4.2.2 村镇垃圾收运路线优化的人工蜂群算法

A 人工蜂群算法机理

蜜蜂是一种群居的昆虫，单个蜜蜂的行为能力很弱，行为很简单，但由蜜蜂个体所组成的蜂群却表现出超强的生存能力和协调能力。自然界中的蜂群，总能高效地找到高质量的蜜源，并能适应环境变化，获得高收益。

通常在蜂群中，大部分的工蜂留在蜂巢内，只有少量的工蜂作为侦察蜂在一定的范围内随机寻找食物源。一旦发现了新的优质的蜜源或有利的采蜜地点，侦察蜂就会变为采蜜蜂，并飞回到蜂巢跳"摇摆舞"来告知蜂巢内的工蜂食物源与蜂巢的距离、食物源所在地，并通过身上花粉的味道告知食物的质量及种类。巢中的工蜂不但可以从侦察蜂的"摇摆舞"中判断蜜源的距离和方向，还可以从舞蹈的兴奋程度、花粉的味道衡量蜜源的质量等。蜂群整体采取策略，大部分的工蜂趋向采取收益较高处的蜜源，从而实现优质蜜源集中采集，分散食物源有效利用，很大程度上提高了采蜜的收益。

蜜蜂采蜜的过程（寻找优质蜜源）与进化算法中搜索需优化问题最优解的过程类似。蜜蜂采蜜的过程是通过蜜蜂不同角色间的转换、交流和协作完成的。蜂群的采蜜过程由三个基本元素和两种基本的行为组成，三个因素为食物源、雇佣蜂和非雇佣蜂，两种基本行为为食物源招募蜜蜂和放弃食物源。

B　村镇垃圾收运路线的人工蜂群算法方案

分析蜂群采蜜的过程，发现蜜蜂是通过摇摆舞、气味等交流信息，协调完成整个蜂群采蜜的工作。可见蜂群是一个具有自我适应性、自组织性、鲁棒性强的群体。土耳其学者 D. Karaboga 据此于 2005 年提出了源于蜜蜂采蜜行为的较系统的人工蜂群算法，并成功地将该算法用于解决函数数值优化的问题上，取得了较好的结果。D. Karaboga 和 B. Basturk 于 2006 年将人工蜂群算法理论用于解决限制性的数值优化问题，并且取得了很好的测试效果。人工蜂群算法模拟蜜蜂智能的采蜜行为，各自分工，通过信息共享，以更快更准确地找到优质蜜源，即最优解。

人工蜂群算法中，食物源位置表示待优化问题的一个可行解，食物源的"收益率"表示该解的适应值。

首先，随机产生一个解空间，即 N 个初始解，对应工蜂的个数，每个解 x_i 都是 D 维向量，初始时刻，假定所有的工蜂都是侦察蜂，每个侦察蜂发现蜜源的"收益率"代表其对应的可行解的适应值，侦察蜂搜索食物源即初始解的产生见式（3-22）。工蜂随机搜索找到食物源后，返回蜂巢通过"摇摆舞"分享信息，引领蜂、侦察蜂和跟随蜂开始循环搜索。

$$x_{ij} = x_j^{\min} + \text{rand}(0, 1) \times (x_j^{\max} - x_j^{\min}) \tag{3-22}$$

式中，$i = 1, 2, \cdots, N$；$j = 1, 2, \cdots, D$。

综合比较所有"收益率"，排名在临界值 θ_1 前的工蜂成为引领蜂，同时引领蜂以自身记忆的信息在原食物源附近寻找到一个新的食物源位置（新解），并判断该新食物源的"收益率"，如果新位置的食物源的"收益率"大于原来位置的食物源的"收益率"，即认为新食物源优于原来的食物源，因此该引领蜂忘记原来的位置并记住新位置。引领蜂寻找的新的食物源位置见式（3-23）。

$$v_{ij} = x_{ij} + \text{rand}(-\alpha, \alpha) \times (x_{ij} - x_{kj}) \tag{3-23}$$

式中，$k \in \{1, 2, 3, \cdots, N\}$ 为随机选择的下标，$k \neq i$，$\text{rand}(-\alpha, \alpha)$ 为在一定的范围内进行搜索。

综合比较所有"收益率"，排名在 θ_1 与 θ_2 之间的工蜂成为跟随蜂，根据引领蜂"摇摆舞"分享的食物源信息，跟随蜂按概率选择追随侦察蜂开采蜜源，跟随蜂选择食物源的概率见式（3-24）。跟随蜂并不是盲目地追随，它们也会像雇佣蜂那样对自身记忆中的位置进行一定的改变，搜索新食物源，并通过比较"收益率"决定是否更新记忆。

$$p_i = \frac{fitness_i}{\sum\limits_{j=1}^{N} fitness_j} \tag{3-24}$$

式中　$fitness_i$——可行解 X_i 的适应值。

综合比较所有"收益率"，排名在 θ_2 之后的工蜂成为侦察蜂，为防止陷入局部最优解，侦察蜂会随机地在全部食物源中进行搜索，若引领蜂超过规定的次数仍未更新食物源，那么该引领蜂就会放弃该食物源，成为侦察蜂，进行全局搜索，侦察蜂的搜索方式见式（3-22）。

C　实现步骤

结合以上的算法方案，村镇垃圾收运路线优化的基本步骤如下：

步骤 1　初始化算法参数；

步骤 2　根据式（3-22），初始化工蜂的位置，即随机产生排序；

步骤 3　计算食物源的收益率；

步骤 4　若食物源收益率排名在前 θ_1，则该工蜂作为引领蜂根据式（3-23）进行邻域搜索；若食物源收益率排名在 θ_1 与 θ_2 之间，则该工蜂作为跟随蜂根据式（3-24）对引领蜂进行追随并同时根据式（3-23）进行邻域搜索；若食物源收益率排名在 θ_2 之后，则该工蜂作为侦察蜂根据式（3-22）全局搜索新的食物源；

步骤 5　每个进行邻域搜索的工蜂只保留一个较优的食物源，即只保留一个路径安排；

步骤 6　记录引领蜂食物源（路径）未更新的次数，若超过规定次数则根据式（3-22）全局搜索新的食物源（新的路径安排）；

步骤 7　根据新食物源的位置，由步骤 3，计算每只工蜂对应的食物源的"收益率"；

步骤 8　记录最优食物源的位置（路径）及"收益率"（适应值）；

步骤 9　是否满足最大的迭代次数，若不满足转步骤 4，进行下一次搜索；若满足则输出最优食物源位置（路径）和"收益率"（适应值）。

3.4.2.3　实例问题测试

通过对城桥镇垃圾收运工作的调研可知，目前垃圾收运工作主要考虑按时清运，对作业路线无规定。作业人员凭经验进行收运，没有科学依据。城桥镇服务分公司管理人员根据经验按照历史决定如何分配需服务的垃圾收集点，作业人员根据分配的垃圾收集点自行决定收运路线，缺乏科学的指导，一般以完成任务为主，至于如何经济合理地完成垃圾收运工作缺乏科学的指导。

因此，本书对城桥镇的垃圾收运路线进行优化研究，通过上文对城桥镇收运模式的判定可知，城桥镇的村镇生活垃圾收运模式为转运模式，且垃圾收集后都送往城瀛中转站。

3.4.3　实证研究

结合上海市崇明区城桥镇的背景，运用上述垃圾收运数学模型，采用人工蜂群算法方案对城桥镇的垃圾收运路线进行优化。

由于城桥镇许多垃圾收集点间距离较近，有的甚至在同一个小区内，或在同一条较短的道路上，本书将部分垃圾收集点进行合并。合并原则为：对同一小区内的垃圾收集点进行合并；对沿同一条道路，并且距离在400m内的垃圾收集点合并。通过整理、统计分析有关垃圾收运的数据，并根据垃圾收集点的合并结果，确定垃圾收集点的位置及垃圾量信息，结果见表3-8。

表3-8　垃圾点信息表

标号	名　称	垃圾量/kg	标号	名　称	垃圾量/kg
1	中心医院	2263.44	16	新崇西路新崇南路	851.63
2	中津桥路西小泯沟	602.82	17	新崇南路兴贤街	494.49
3	中津桥路东小港路	786.28	18	新崇南路富民街	714.27
4	中街山路嵊山路	544.80	19	新崇南路八一路	549.44
5	育麟桥路湄洲路	1523.22	20	新崇东路新崇南路	824.16
6	育麟桥路东门路	1045.62	21	小港小区周边	1182.21
7	玉环新村	976.57	22	西引路利民路	210.17
8	油车湾公交站	394.07	23	西引路官山路	508.48
9	永凤花园	786.28	24	西门路中津桥路	838.70
10	一江山路湄洲路	445.82	25	西门路秀山路	551.70
11	一江山路东门路	1359.49	26	西门路西小泯沟	471.77
12	一江山路517号	488.28	27	西门路南门路	1179.49
13	秀山路西引路	417.68	28	西门路北门路	2782.24
14	秀山路三沙洪路	908.00	29	西门336号	1223.06
15	秀山路滨洪路	472.16	30	推虾港村	1252.27

标号	名 称	垃圾量/kg	标号	名 称	垃圾量/kg
31	团城路老农民羊肉馆周边	262.71	68	三沙洪路 101	183.90
32	嵊山路秀山路	1098.88	69	人民路西门路	2802.07
33	上海天远船舶燃料供应有限公司	289.61	70	人民路西城路	1070.17
34	远东机床厂	550.26	71	庆城菜场	1829.13
35	元六村村委会	868.83	72	南门路西引路	1528.82
36	学宫路 401 号	1105.54	73	南门路东门路	993.73
37	学宫路 262 弄	374.46	74	南门路朝阳门路	659.33
38	新崇南路 28 号	196.14	75	明珠小区全部	2263.44
39	新崇北路 308 号	976.38	76	湄洲路玉环路	636.89
40	西引路 386 号	202.73	77	湄洲路花鸟路	1486.08
41	湾南村村委会	579.22	78	湄洲路寒山寺路	636.89
42	团城公路 7018 号	418.45	79	利民路育麟桥路	835.36
43	山阳村村委会	663.14	80	利民路三双公路	526.64
44	三沙洪路 131	202.73	81	利民路三沙洪路	454.00
45	人民路 28 号	802.41	82	聚训村	1878.40
46	湄洲新村 50～76 幢	267.47	83	城桥镇南门港街 25 号	267.47
47	绿海路 501 弄	813.65	84	金珠小区全部	2263.44
48	利民村村委会	434.42	85	金月湾小区全部	1358.07
49	老滧港渔民村	356.63	86	建设公路团城公路	636.89
50	江帆路乔松路公交站	511.44	87	侯南村	1878.40
51	江帆路 9 号	178.31	88	寒山寺新村中间路	131.36
52	侯家镇	994.71	89	寒山寺路 88 号	213.98
53	鼓浪屿路 43 号	695.07	90	官山路嵊山路	290.56
54	东门路 76 号	499.28	91	鼓浪屿路 580 号	893.22
55	东门路 268 号	1130.78	92	甘霖坊小区全部	1358.07
56	东江村村委会	497.35	93	东引路玉环路	318.45
57	定澜路与江帆路交叉口	604.42	94	东引路南引河路	1095.93
58	翠竹路与佘山岛路交叉	464.94	95	东引路花鸟路北侧	210.17
59	翠竹路 1188 弄	2789.65	96	东小港 378	1358.07
60	城桥镇嘉乐弄 42 号	909.80	97	东门路育才路	445.82
61	城桥镇鳌山路附 2 号	356.63	98	东引路玉环路	1265.92
62	城桥新城	2652.56	99	东门路寒山寺路	573.20
63	鳌山路 15 号	71.33	100	岱山路宫山路	544.80
64	人民路 68 号	976.38	101	大东船务公司	2504.53
65	团城公路 7218 号	1425.75	102	崇明中学	679.03
66	三沙洪路人民路	1346.12	103	中街山路岱山路	376.50
67	三沙洪路老怡祥居内外	1358.07	104	中街山路 118 弄 88 号	955.72

续表 3-8

标号	名　称	垃圾量/kg	标号	名　称	垃圾量/kg
105	其他南门八一路 358 号	581.18	113	北门路酱园弄路	2008.98
106	城桥镇鳌山路 882 号	249.64	114	八一路新崇北路	655.24
107	高岛路鼓浪屿路	71.33	115	八一路青年路	917.33
108	崇明大道 8000	674.16	116	八一路南门路	769.21
109	秀山路 101 号 8 号楼	810.91	117	八一路北门路	838.70
110	城桥镇新崇西路 5 号	46.49	118	鳌山路小闸河路	1050.85
111	长兴村村民委员会	663.14	119	鳌山村	1878.40
112	北门路西引路	2227.50			

根据以上分析，使用 Matlab 编写求解程序，设置参数为 $\theta_1 = 50\%$，$\theta_2 = 80\%$，$\alpha = 1$，$D = 119$，工蜂数目 $N = 100$，最大迭代次数 $\max T = 100$。

人工蜂群算法优化城桥镇垃圾收运问题的解对应的路线见表 3-9。

表 3-9　优化行驶路线

车辆	行　驶　路　线
1	车库—10—87—77—26—102—中转站—118—29—109—85—38—22—88—中转站—47—66—48—39—12—61—105—中转站—车库
2	车库—6—21—13—2—11—93—107—中转站—32—34—69—49—51—中转站—71—98—3—4—44—95—63—110—中转站—车库
3	车库—59—65—76—中转站—20—1—74—37—56—40—中转站—75—100—53—46—64—106—中转站—车库
4	车库—31—7—55—36—24—99—中转站—83—101—30—43—33—中转站—车库
5	车库—70—17—103—104—60—116—68—89—中转站—78—92—15—14—5—中转站—94—84—91—50—中转站—车库
6	车库—35—115—72—54—19—41—中转站—96—114—73—16—45—90—中转站—112—80—57—27—97—中转站—车库
7	车库—25—117—67—86—18—79—中转站—119—82—52—中转站—车库
8	车库—9—81—62—111—42—中转站—108—28—58—23—8—中转站—113—中转站—车库

日总收运费用：2896.14 元。

日总行驶距离：500.12km。

日总"简单路径"数：22 次。

日总车辆使用数：8 辆。

实际作业过程中，垃圾收运作业的路线由司机根据经验确定。调研的城桥镇地区垃圾收运的实际行驶路线见表 3-10。

表 3-10 实际行驶路线

车辆	行 驶 路 线
1	车库—29—70—72—中转站—69—27—112—28—中转站—73—中转站—车库
2	车库—28—66—18—32—116—中转站—69—17—20—74—19—16—27—中转站—车库
3	车库—12—78—10—77—76—7—93—中转站—11—97—98—6—5—99—86—中转站—车库
4	车库—24—3—2—26—115—114—中转站—117—28—11—9—98—113—中转站—车库
5	车库—39—71—113—60—55—105—中转站—64—108—50—58—中转站—59—42—110—57—47—中转站—车库
6	车库—89—45—36—54—113—46—37—83—61—60—63—49—51—中转站—55—38—106—107—中转站—车库
7	车库—35—41—48—53—104—109—33—中转站—34—40—44—103—中转站—车库
8	车库—43—52—56—65—111—中转站—62—中转站—车库
9	车库—1—71—67—中转站—85—92—75—中转站—84—102—96—中转站—94—中转站—车库
10	车库—118—68—88—112—25—21—8—中转站—91—95—22—5—31—中转站—车库
11	车库—14—79—5—4—100—90—6—80—13—中转站—81—15—23—94—中转站—车库
12	车库—30—87—中转站—119—82—中转站—101—中转站—车库

日总收运费用：4061.51 元。

日总行驶距离：514.59km。

日总"简单路径"数：29 次。

日总车辆使用数：12 辆。

由此可见，对测试的城桥镇进行垃圾收运路线优化后，总收运费用可减少 1165.37 元，降低 28.7%；总行驶路程可减少 14.47km，缩短 2.8%；总简单路径数可减少 7 次，节约 24.1%；总车辆数可减少 4 辆，节约 33.3%。

通过实际运行结果可知，城桥镇实际的垃圾收运路线较为合理，经优化后总行驶路程只缩短了 2.8%。路程的缩短可减少垃圾收运车辆行驶过程中对环境造成的危害，降低垃圾收运车辆行驶过程造成的噪声污染，缓解垃圾收运车辆行驶过程产生的汽车尾气对大气环境的影响，同时节约时间，提高作业效率，更可降低能源消耗，带来经济效益，节省运输成本。

优化后，总"简单路径"数可减少 7 次，节约 24.1%，增加了车辆利用率，提高了中转站的工作效率，但由于实例中城瀛中转站距城桥镇较近，故城桥镇各垃圾收集点到城瀛中转站的距离都比较近，所以总"简单路径"数的减少程度对总行驶距离的贡献度不大，如果待优化区域距离中转站较远，总"简单路径"数的减少会大大缩短总行驶距离。

优化后，总车辆数减少了 4 辆，节约了 33.3%。总车辆数的减少可降低固定成本的投入，相应地减少维护保养费等，更有利于合理安排车辆调度，可以有效节约人力资源，缓解环境污染，降低社会影响。

3.5 村镇垃圾中转站效率评价研究

就城镇一体化村镇而言，中转站的作用非常重要。它是垃圾收运系统的枢纽，是生活垃圾收集转运处置系统中一个必不可少的环节。垃圾中转站的推广和运用，既美化了环境，又杜绝了二次污染，减少了蚊蝇的滋生，提高了车载效率，减轻了工人劳动强度，降低运行成本。但是由于中转站管理不善，造成成本投入冗余和垃圾转运量不足等现象也较为普遍。而且每年垃圾量也在迅猛增加，因中转站而引起的邻避效应和环境问题也日益严峻，垃圾中转站作为收运系统的枢纽，此时就显得尤为重要。

建立垃圾中转站评价机制，可以进一步加强中转站的管理，提高中转站的运营效率。本书首先采用转运费用最低模型进行计算，得出中转站转运单位垃圾需要的费用，并对计算结果进行直观的分析比较，探索某一中转站与其他中转站相比费用差异的原因，并将其结果作为判定 DEA 模型评价效果是否理想的重要指标。其次，将农村生活垃圾中转站看做是一个多投入多产出系统，运用 DEA 模型求解出中转站的效率，得出人员投入、运营费用投入、固定成本投入等指标的改善幅度，为中转站的优化方向提供参考。

3.5.1 模型构建

3.5.1.1 基于转运费用模型垃圾中转站的效率评价

A 问题描述

转运费用模型垃圾中转站的效率是指，在垃圾收运系统中垃圾中转站的位置已确定的情况下，根据中转站的固定成本、中转能力以及运行费用等条件，计算转运单位垃圾量的费用，并探索造成成本较高的原因。

B 模型假设

（1）垃圾中转站的处理能力是有限的。

（2）垃圾收集点的垃圾必须进入中转站后，才能转运至处理厂。

（3）垃圾运输费用与运输距离正相关。

（4）采用直线折旧方法。

（5）车辆总数与工人总数成正比。

C 符号说明

E——运营效率；

C_1——垃圾中转站建设成本；

C_2——垃圾中转站设备的建设成本；

C_3——垃圾中转站收运车辆购置成本;

C_4——垃圾中转站日运营成本(水电、工人工资、维修、油耗);

V——垃圾中转站的服务能力;

q_i——垃圾收集点 i 的垃圾量;

T_1——中转站的使用年限;

T_2——中转站设备的使用年限;

T_3——车辆的使用年限;

M——收运车辆总数;

T——工人的每日工作时间;

Q——转运车辆的最大装载能力;

a——转运车辆每日最大收运次数;

l_k——车辆 k 的行驶距离;

v_k——车辆 k 的平均行驶速度;

R——收运车辆平均装载率;

r——剩余残值率;

t_1——装载一次所需时间;

t_2——卸载一次所需时间。

D　数学模型

$$E = \frac{\dfrac{C_1}{365T_1}(1-r) + \dfrac{C_2}{365T_2}(1-r) + \dfrac{C_3}{365T_3}(1-r) + C_4}{\displaystyle\sum_{i=1}^{n} q_i x_i} \tag{3-25}$$

$$\text{s.t.} \begin{cases} M \geqslant \displaystyle\sum_{i=1}^{n} q_i x_i / aQR & (3\text{-}26) \\[2mm] \displaystyle\sum_{i=1}^{n} q_i x_i \leqslant V & (3\text{-}27) \\[2mm] \dfrac{l_k}{v_k} + a(t_1 + t_2) \leqslant T & (3\text{-}28) \\[2mm] (x_i - x_j)(d_j - d_i) \geqslant 0 & (3\text{-}29) \end{cases}$$

决策变量
$$x_i = \begin{cases} 1, & i \text{ 点被中转站服务} \\ 0, & \text{其他} \end{cases}$$

目标函数式(3-25)计算单位垃圾量的运输成本,其中费用包括中转站建设费用、设备费用、车辆购置费用、运营费用;约束条件(3-26)表示根据垃圾量确定需要的收运车辆;约束条件(3-27)表示收集的垃圾量不超过中转站的最大服务能力；约束（3-28）保证了工人的正常工作时间；约束（3-29）表示接近中转站的垃圾点优先于被服务远离中转站的收集点。

3.5.1.2 基于 DEA 模型垃圾中转站综合效率评价

数据包络分析方法（data envelope analyse，DEA）由 Charnes、Cooper 和 Rhodes（1978）创建并发展，是一种解决多输入、输出变量的非参数法。其基本思路是把每一个被评价单位作为一个决策单元（decision make unit，DMU），再由众多 DMU 构成被评价群体，通过对投入和产出比率的综合分析，以 DMU 的各个投入和产出指标的权重为变量进行评价运算，确定有效生产前沿面，并根据各 DMU 与有效生产前沿面的距离情况，确定各 DMU 是否有效；同时还可用投影方法指出非 DEA 有效性或弱 DEA 有效 DMU 的原因及应改进的方向和程度。它借鉴计量经济学的边际效益理论和高等数学中的线性规划模型，比较各决策单元之间的相对效率和规模收益。

DEA 突出的优点是，所需指标少，具有较高的灵敏度与可靠性，可以对无法价格化甚至难以轻易确定权重的指标进行分析，各测量指标能够以原来的面目出现，不必统一单位，大大简化了测量过程，保证了原始信息的完整，也避免了人为确定权重的主观影响。DEA 可以对具有多指标投入和多指标产出特点的相同类型单元的相对效率进行综合评价，不需要任何变量间的函数假设，特别适合性质相同的单元之间的评估比较。

如图 3-5 所示一共有 4 个 DMU：A、B、C、D，假设每一个点都是一种投入和一种产出的情况。利用 DEA-BCC 模型，则连接点 A、B、C 的曲线就是生产前沿面，也称为有效率线，并且所有无效的点都是处在效率线或以下的区域。在这条线上的点都是 DEA-BCC 有效率的，很明显，A、B、C 是 DEA 有效的，D 是无效的。假设 DEA 的模型是投入导向的，那么这条效率线就是指在一定的产出水平下，所有的投入量是最小的，即不能够在维持现有的产出水平下，再减少投入。D 点与效率线的距离就是 D 点的无效率造成的。那么在投入导向的情况下 D

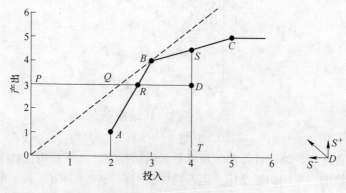

图 3-5 投入产出图

点的效率值就是 PR/PD。如果是产出导向的话，D 点的效率就是 TD/ST。

在图 3-5 中，曲线 ABC 代表最佳效率线；S^- 代表的就是投入的松弛变量，即 D 点的投入和效率线的差距；S^+ 代表产出的松弛变量，代表 D 点的产出和效率线的差距，当 $S=0$ 时，就是有效率的。

A 评价目的

通过运用 DEA 方法，建立相对客观的垃圾中转站覆盖效率的评价体系。比较垃圾站中转站利用效率差异并找出原因进行比较分析。DEA 方法的应用步骤如图 3-6 所示。

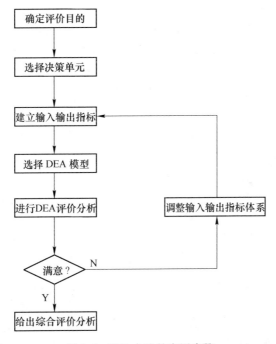

图 3-6 DEA 方法的应用步骤

B 选择决策单元

决策单元（DMU，即被评价的单位），DEA 方法是通过对投入产出数据的综合分析来进行效率评价的，从投入到产出需经一系列决策才能实现。因此，这样的单元被称为"决策单元"。

C 建立输入输出指标

a 指标选取的准则

建立输入、输出指标体系是应用 DEA 方法的一项基础性的准备工作。然而在具体的应用中，输入、输出指标的选取带有很强的任意性与主观性，用不准确的指标体系来评价系统必然会导致评价结果与实际发生很大偏差；另外 DEA 方法对输入、输出指标数量的限制，给指标选择工作带来困难，如果指标选得过多过细，容易造成大量的 DEA 有效，不利于分析和比较；如果指标过粗过少，则不利于评价和发现系统中的问题，无法为管理者提供充分的信息。因此如何客观地、有针对性的地选取输入、输出指标是 DEA 方法关键的基础问题之一。

指标选取一般要遵循以下五个准则：

（1）目的性。选取评价指标要考虑能够实现相关的评价目的。也就是说输入指标与输出指标的选择要服务、服从评价目的。

（2）全面性。指标体系要能全面反映评价目的。对评价目的有较大影响的指标都应该包括在内。

（3）代表性。要考虑到输入指标与输出指标之间的联系。例如当输入、输出指标与其他输入、输出指标存在较强相关关系时，可认为该指标的信息已在很大程度上被其他指标所包含，因此就不一定再把它作为输入、输出指标了。

（4）多样性。要考虑输入、输出指标体系的多样性。在确定评价目的的前提下，设计多个输入、输出指标体系。

（5）精简性。要考虑评价指标的数量，大量的输入、输出指标将导致有效 DMU 数目增加，从而降低 DEA 方法的评价功能。因此，评价指标应尽量精简。

b　指标选取的依据

虽然 DEA 分析本身可以选取多个指标，但是选取指标受到计算结果精确性和计算方法的限制，所以选取的指标主要除了要求非负性，投入产出之间要有联系，还要解决以下两个问题：

（1）指标个数问题。因为引入过多的指标因素会模糊 DMU 之间的大部分差异，从而使绝大多数的 DMU 的 DEA 值都偏向 1，这就失去了比较和衡量的意义。所以，Cooper 认为 DMU 的个数应该大于投入产出个数之和的 3 倍。

（2）决定使用综合性指标还是单一性指标。使用综合性指标会模糊信息的精确度，使用单一的指标则忽略信息在不同纬度之间的联系，最好是结合两者。本节在选取指标的过程中也注意到了这一点，选取的指标既有综合性指标，也有单一性指标。

c　指标体系的确定

（1）投入指标。经济学在分析投入时，一般都会涉及两个方面：劳动力和资本。著名的柯布·道格拉斯函数的一般形式为 $Q = AL^{\alpha}K^{\beta}$，式中，Q 为产量；L 和 K 分别为劳动力和资本的投入量。柯布·道格拉斯函数用简单的形式描述了经济学学者们研究生产时所关注的共性。在关于中转站利用效率评价研究中，劳动力和资本的投入必不可少，每日的消耗以及运输成本也是较大的投入，所以可以选取的投入指标有固定成本、可变动成本、劳动力、消耗。

（2）产出指标。能够反映中转站产出的指标主要有中转站的转运量、服务面积、服务人口、环境因素、经济效益等。初步可供选取的指标体系见表3-11。

表3-11 中转站输入、输出指标

输 入 指 标	输 出 指 标
能耗/万元·日$^{-1}$	转运量/吨·日$^{-1}$
固定投资/万元·日$^{-1}$	服务面积/km^2
营运成本/万元·日$^{-1}$	服务人口
收运成本/万元·日$^{-1}$	环境效益（得分）
劳动定员/人	经济效益/万元
	服务半径/km

D 生产可能集的公理体系和 DEA 模型的扩充

在数理经济学的研究中，为了研究经济系统的结构，往往需要引进一些公理。设生产可能集为 $T = \{(x, y) \mid 投入 x \in E_+^m, 可产出 y \in E_+^s\}$

关于生产可能集 T 有如下的一些公理：

公理 1（凸性公理）：

若 $(x, y) \in T$，$(\hat{x}, \hat{y}) \in T$，则 $\forall \alpha \in [0, 1]$，均有 $\alpha(x, y) + (1 - \alpha)(\hat{x}, \hat{y}) \in T$

公理 2（无效性公理）：

若 $(x, y) \in T$，$\hat{x} \geq x$，$\hat{y} \leq y$，则 $(\hat{x}, \hat{y}) \in T$

公理 3

若 $(x, y) \in T$，$\alpha \geq 0$，则 $\alpha(x, y) \in T$

公理 4a（锥性公理）

若 $(x, y) \in T$，$\alpha \geq 0$，则 $\alpha(x, y) \in T$

公理 4b（压缩性公理）：

若 $(x, y) \in T$，$0 \leq \alpha \leq 1$，则 $\alpha(x, y) \in T$

公理 4c（扩张性公理）：

若 $(x, y) \in T$，$\alpha \geq 1$，则 $\alpha(x, y) \in T$

公理 5（最小性公理）：生产可能集 T 是所有满足公理 1 ~ 公理 3 或满足公理 1 ~ 公理 3 和公理 4a~公理 4c 中某一个的最小者。

E 模型的选取

根据中转站的实际情况判断符合公理 1 ~ 公理 3 和公理 4a 及公理 5，故采用 CCR 模型。当对第 j_0 个决策单元进行效率评价时，可以以第 j_0 个决策单元的效率指数为目标，以所有决策单元的效率指数：$h_j \leq 1$，$j = 1, 2, 3, \cdots, n$ 为约束，构成如下的最优模型：

$$\max h_0 = \frac{u^{\mathrm{T}} y_j}{v^{\mathrm{T}} x_j}$$

$$(\bar{p})\,\mathrm{s.\,t.} \begin{cases} h_j = \dfrac{u^{\mathrm{T}} y_j}{v^{\mathrm{T}} x_j} \leqslant 1 \\[2mm] u \geqslant 0,\; v \geqslant 0 \end{cases}$$

通过 Charnes-Cooper 变换 $\omega = tv$，$\mu = tu$，$t = 1/v^{\mathrm{T}} x_0$，CCR 模型的分式规划形式 $(\bar{p})$ 可以等价地转化为线性规划形式，为便于计算，常采用线性规划形式。基于输入的 CCR 模型的线性规划形式为：

$$\max \mu^{\mathrm{T}} y_0$$

$$(\bar{p}_1)\,\mathrm{s.\,t.} \begin{cases} \omega^{\mathrm{T}} x_j - \mu^{\mathrm{T}} y_j \geqslant 0,\; \omega^{\mathrm{T}} x_0 = 1 \\[2mm] j = 1,\; 2,\; 3,\; \cdots,\; n,\; \omega \geqslant 0,\; \mu \geqslant 0 \end{cases}$$

其对偶规划模型为：

$$\min \theta = V_{D1}$$

$$(\mathrm{D}_1)\,\mathrm{s.\,t.} \begin{cases} \displaystyle\sum_{j=1}^{n} \lambda_j x_j \leqslant \theta x_0,\; \sum_{j=1}^{n} \lambda_j y_j \geqslant y_0 \\[3mm] \lambda_j \geqslant 0,\; j = 1,\; 2,\; 3,\; \cdots,\; n \end{cases}$$

带有非阿基米德无穷小 ε 的模型为：

$$\min [\theta - \varepsilon(e_m{}^{\mathrm{T}} S^- + e_s{}^{\mathrm{T}} S^+)]$$

$$\mathrm{s.\,t.} \begin{cases} \displaystyle\sum_{j=1}^{n} X_j \lambda_j + S^- = \theta X_{j0},\; \lambda_j \geqslant 0,\; \theta \geqslant 0 \\[3mm] \displaystyle\sum_{j=1}^{n} Y_j \lambda_j - S^+ = Y_{j0},\; j = 1,\; 2,\; \cdots,\; n,\; S^- \geqslant 0,\; S^+ \geqslant 0 \end{cases}$$

由上述（D_1）不难看出，DEA 方法的基本思想就是：寻求 DMU（$j = 1$，2，$\cdots$，n）的一种线性组合，在至少保持 DMU$_0$ 输出不变的前提下，求其最少的输入量，并与 DMU$_0$ 的输入作比较。显然有 $\theta^* \leqslant 1$，如果 $\theta^* > 1$，即新组合 DMU 输入量可以更小，因此原来的 DMU 是有效的。由此，DEA 有效性是某种意义上的相对有效性，是相对于一组实际观测值而言的。根据 θ^*、S^{-*}、S^{+*} 的值，可以将决策单元分为三大类：

（1）$\theta^* = 1$ 且 $S^{-*} = 0$，$S^{+*} = 0$，则 DMU$_0$ 为 DEA 有效，即在这个决策单元组成的经济系统中，资源获得了充分利用，投入要素达到最佳组合，取得了最大的产出效果。

（2）$\theta^* = 1$ 且至少有某个 $S^{i-*} > 0$ 或者某个 $S^{r+*} > 0$，则称为 DMU$_0$ 为 DEA 弱有效，即在这 n 个决策单元组成的经济系统中，若 $S^{i-*} > 0$，则表示第 i 种资

源没有充分利用的数额为 S^{i-*}；若 $S^{r+*} > 0$ 则表示第 r 种产出指标与最大产出值存在 S^{r+*} 的不足。

（3）$\theta^* < 1$ 时，DMU_0 为非 DEA 有效。即在这 n 个 DMU 组成的经济系统中，可通过组合将投入降至原投入的 θ^* 比例而保持原产出不减。此时，将各有效单元连接起来形成一个效率边界，以此边界作为衡量效率的基础，可以衡量各非 DEA 有效单元的"投入冗余"和"产出不足"。通过分析可以提供各决策单元在目前情况下资源使用情况的信息。不但可以作为目标设定的基准，也可以了解该决策单元尚有多少改善空间。

F　计算结果分析

通过 DEASOLVE-PRO5 可以得到各个 DEA 单元的 θ^*、S^{-*}、S^{+*}，对输入输出指标进行分析，并作出如下比较。

（1）DEA 结果的横向比较：

1）比较不同中转站的相对效率均值。求出各中转站 2010～2015 年的效率，并求出平均值，对中转站 A、B、C、…的平均效率进行比较，得出哪些中转站效率相对较高，哪些相对较低。

2）比较同一年份下不同中转站相对效率。比较在某一特定年份下中转站的相对效率，分析造成中转站之间效率差异的原因。

（2）DEA 结果的纵向比较：

1）比较同一中转站不同年份下中转站相对效率。通过数据分析，可以得出一个中转站 5 年内效率的变化趋势，从而找出导致效率变化的指标，并进行改善，提高中转站的效率。

2）比较不同年份下中转站相对效率均值。求出每一年中转站效率的平均值，对比 6 年中转站效率的均值，观察哪一年的效率均值较高，哪一年的效率均值较低。

3.5.2　实证研究

3.5.2.1　崇明区垃圾中转站现状

上海市崇明区由崇明、长兴、横沙三岛组成，总面积 1411km²，户籍人口总量为 68.8 万人。在垃圾收运方面，基本形成了直运和转运相结合的方式。距离垃圾处置厂较近的地区采用直运方式，其余采用转运方式运至填埋场。目前，崇明区共有 1 个填埋场、1 个建设中的焚烧厂、6 个垃圾中转站，分别是新河中转站、庙镇中转站、三星中转站、陈家镇中转站、城瀛中转站、横沙中转站，服务面积基本覆盖全区。中转站地址、运营单位及服务范围等信息见表 3-12。中转站造价、设备投资、运营成本、设计转运能力、工作人员数目等信息见表 3-13。

表 3-12　崇明县垃圾中转站基本信息

RN	中转站名称	地址	运营单位	服务范围
1	城瀛生活垃圾转运站	崇明区港西镇鼓浪屿路新引村 5 队	上海城瀛废弃物处置有限公司	港西镇东部、建设镇、城桥镇
2	横沙乡生活垃圾转运站	崇明区横沙客运码头向南 200m	上海瀛勋环境卫生服务有限公司	横沙乡
3	新河镇生活垃圾转运站	崇明区新河镇卫东村 1016 号	崇明区市容环境卫生管理所	新河镇、东平镇
4	庙镇生活垃圾转运站	崇明区庙镇合作公路 2202 号	崇明区市容环境卫生管理所	新海镇部分、港西镇西部、庙镇、江苏省海永乡、启隆乡
5	三星镇生活垃圾转运站	崇明区三星镇北桥村 6 队	崇明区市容环境卫生管理所	绿华镇、新村乡、三星镇、新海镇部分
6	陈家镇生活垃圾转运站	崇明区陈家镇德云村 11 队	崇明区市容环境卫生管理所	中兴镇、陈家镇、东平镇前哨农场、上实集团部分垃圾

表 3-13　崇明区垃圾中转站数据信息

中转站名称	城瀛	横沙乡	新河乡	庙镇	三星镇	陈家镇
中转站造价/万元	850	452	60	60	60	60
中转站设备投资/万元	400	165	150	150	150	150
中转站运营成本/万元·a^{-1}	566	150	189	118	165	213
设计运转能力/t·d^{-1}	150	30	50	50	50	100
中转站工作人员数/人	12	6	10	9	8	10
中转站垃圾运距/km	34	8	18	45	50	20
实际转运量/t·d^{-1}	130	17	40	25	35	45
中转站占地面积/m^2	6000	2600	3330	3330	3000	3330

3.5.2.2　各中转站单位垃圾转运费用的计算

（1）基本费用及转运量描述见表 3-14。

表 3-14　中转站投入费用及转运垃圾量

中转站名称	城瀛	横沙乡	新河镇	庙镇	三星镇	陈家镇
中转站造价/万元·a^{-1}	42.5	22.6	3	3	3	3
中转站设备投资/万元·a^{-1}	50	20.625	18.75	18.75	18.75	18.75
中转站运营成本/万元·a^{-1}	566	150	189	118	165	213
中转站工作人员数/人	12	6	10	9	8	10
实际转运量/t·a^{-1}	47450	6205	14600	9125	12775	16425

（2）计算结果。根据转运费用模型分别计算各中转站转运单位垃圾的费用，以及中转站造价、设备投资、运营费用三种投入所占总费用的百分比，结果见表3-15及图3-7。

表 3-15　中转站各投入费用所占百分比及转运单位垃圾的费用

中转站名称	中转站造价所占费用百分比/%	中转站设备投资所占费用百分比/%	中转站运营成本所占费用百分比/%	转运单位垃圾的费用/万元	排名
城瀛	0.064540623	0.075930144	0.859529233	0.013877766	1
横沙乡	0.116962091	0.106740846	0.776297063	0.03114021	6
新河镇	0.014234875	0.088967972	0.896797153	0.014434932	3
庙镇	0.021466905	0.134168157	0.844364937	0.015315068	5
三星镇	0.016064257	0.100401606	0.883534137	0.014618395	4
陈家镇	0.012779553	0.079872204	0.907348243	0.014292237	2

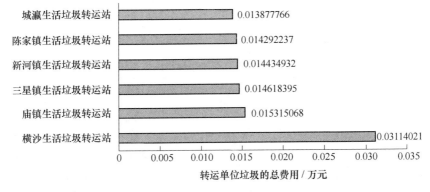

图 3-7　中转站转运单位垃圾费用排行

从上述计算结果可以看出，在所有的费用投资中，中转站运营费用所占百分比最高且高达80%以上，所以降低单位垃圾转运费用应最先从运营成本入手。从计算结果可以看出，城瀛生活垃圾转运站效率最高，第二到第五名依次是陈家镇、新河镇、三星镇、庙镇，他们的费用与城瀛相差较小，费用最高的是横沙乡生活垃圾转运站且与前几个相差较大。

3.5.2.3　DEA 模型计算结果分析

（1）原始数据。现选取崇明区6个中转站的年运营情况作为决策单元，选取造价、设备投资、运营成本和工作人员数目4个输入指标（I），选取实际转运量一个输出指标（O），结果见表3-16。

表 3-16　选取投入产出指标

中转站名称	城瀛	横沙乡	新河镇	庙镇	三星镇	陈家镇
（I）中转站造价/万元·a^{-1}	42.5	22.6	3	3	3	3
（I）中转站设备投资/万元·a^{-1}	50	20.625	18.75	18.75	18.75	18.75
（I）中转站运营成本/万元·a^{-1}	566	150	189	118	165	213
（I）中转站工作人员数/人	12	6	10	9	8	10
（O）实际转运量/t·a^{-1}	47450	6205	14600	9125	12775	16425

（2）基本结果见表 3-17~表 3-19 及图 3-8。

表 3-17　DEA 运算结果中转站基本统计描述

项目	中转站造价/万元·a^{-1}	中转站设备投资/万元·a^{-1}	中转站运营成本/万元·a^{-1}	中转站工作人员数/人	实际转运量/t·a^{-1}
Max	42.5	50	566	12	47450
Min	3	18.75	118	6	6205
Average	12.85	24.270833	233.5	9.1666667	17763.333
SD	15.06804	11.526784	151.63635	1.86339	13700.337

表 3-18　DEA 运算结果指标相关性描述

项　目	中转站造价/万元·a^{-1}	中转站设备投资/万元·a^{-1}	中转站运营成本/万元·a^{-1}	中转站工作人员数/人	实际转运量/t·a^{-1}
中转站造价/万元·a^{-1}	1	0.9066587	0.8386463	0.295906	0.7638157
中转站设备投资/万元·a^{-1}	0.9066587	1	0.9758551	0.640972	0.9562138
中转站运营成本/万元·a^{-1}	0.8386463	0.9758551	1	0.738197	0.9902731
中转站工作人员数/人	0.2959057	0.6409716	0.7381974	1	0.8109818
实际转运量/t·a^{-1}	0.7638157	0.9562138	0.9902731	0.810982	1

表 3-19　中转站效率得分、排名以及参考的决策单元

DMU	得分	排名	DMU	参考决策单元	
城瀛	1	1	城瀛	1	
横沙乡	0.4934	6	城瀛	0.13077	
新河镇	0.9992	3	城瀛	0.00978	陈家镇　0.8606
庙镇	0.9868	5	城瀛	0.0382	陈家镇　0.4451
三星镇	0.9982	4	城瀛	0.0195	陈家镇　0.7213
陈家镇	1	1	陈家镇	1	

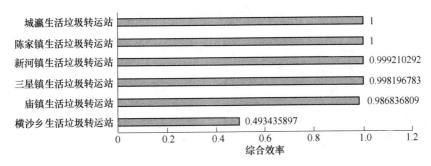

图 3-8　崇明区各中转站效率排行

可以看出，中转站的运营成本均值最大，方差也最大，与实际垃圾转运量相关性最高，与从转运费用模型得出的结论相一致。

从表 3-19 中可以看出，城瀛生活垃圾转运站与陈家镇生活垃圾转运站效率最高，随后依次是新河镇生活垃圾转运站、三星镇生活垃圾转运站、庙镇生活垃圾转运站、横沙乡生活垃圾转运站，且横沙乡与前几个的得分差异较大，这与转运费用最低模型结果相一致。说明此次评价效果较为理想。

由表 3-20 可得，城瀛生活垃圾转运站和陈家镇生活垃圾转运站松弛变量均为 0，所以均 DEA 有效，其余 4 个生活垃圾转运站为非 DEA 有效，下面将根据各中转站变量的投射情况分析其余 4 个非 DEA 有效的中转站的改善方向。

表 3-20　各中转站松弛变量分析

转运单元	得分	中转站造价/万元·a^{-1}	中转站设备投资/万元·a^{-1}	中转站运营成本/万元·a^{-1}	中转站工作人员数/人	实际转运量/t·a^{-1}
城瀛	1	0	0	0	0	0
横沙乡	0.4934359	5.593959	3.6386538	0	1.3913846	0
新河镇	0.9992103	0	2.1092854	0	1.2684244	0
庙镇	0.9868368	0	8.2458639	0	3.9718353	0
三星镇	0.9981968	0	4.2142919	0	0.5378821	0
陈家镇	1	0	0	0	0	0

通过表 3-21 可以看出，非 DEA 有效的 4 个生活垃圾转运站所有投入变量均有改善空间，其中横沙乡生活垃圾转运站改善空间最大的是中转站造价，新河镇、三星镇、庙镇三个中转站改善空间最大的是中转站设备投资。其中横沙乡中转站造价年投入应减少 17.04 万元，中转站设备投资减少 14.08 万元。新河镇、三星镇、庙镇中转站设备投资应分别减少 2.12 万元、8.49 万元、4.24万元。

表 3-21　各中转站各变量的投射

转运单元	综合效率	投入冗余比例		
城瀛生活垃圾转运站	1			
中转站造价/万元·a^{-1}	42.5	42.5	0	0.00%
中转站设备投资/万元·a^{-1}	50	50	0	0.00%
中转站运营成本/万元·a^{-1}	566	566	0	0.00%
中转站工作人员数/人	12	12	0	0.00%
实际转运量/t·a^{-1}	47450	47450	0	0.00%
横沙乡生活垃圾转运站	0.4934359			
中转站造价/万元·a^{-1}	22.6	5.5576923	−17.042308	−75.41%
中转站设备投资/万元·a^{-1}	20.625	6.5384615	−14.086538	−68.30%
中转站运营成本/万元·a^{-1}	150	74.015385	−75.984615	−50.66%
中转站工作人员数/人	6	1.5692308	−4.4307692	−73.85%
实际转运量/t·a^{-1}	6205	6205	0	0.00%
新河镇生活垃圾转运站	0.9992103			
中转站造价/万元·a^{-1}	3	2.9976309	−0.00237	−0.08%
中转站设备投资/万元·a^{-1}	18.75	16.625908	−2.1240925	−11.33%
中转站运营成本/万元·a^{-1}	189	188.85075	−0.1492549	−0.08%
中转站工作人员数/人	10	8.7236785	−1.2763215	−12.76%
实际转运量/t·a^{-1}	14600	14600	0	0.00%
庙镇生活垃圾转运站	0.9868368			
中转站造价/万元·a^{-1}	3	2.9605104	−0.0395	−1.32%
中转站设备投资/万元·a^{-1}	18.75	10.257326	−8.4926737	−45.29%
中转站运营成本/万元·a^{-1}	118	116.44674	−1.5532566	−1.32%
中转站工作人员数/人	9	4.9096959	−4.0903041	−45.45%
实际转运量/t·a^{-1}	9125	9125	0	0.00%
三星镇生活垃圾转运站	0.9981968			
中转站造价/万元·a^{-1}	3	2.9945903	−0.00541	−0.18%
中转站设备投资/万元·a^{-1}	18.75	14.501898	−4.2481023	−22.66%
中转站运营成本/万元·a^{-1}	165	164.70247	−0.2975308	−0.18%
中转站工作人员数/人	8	7.4476922	−0.5523078	−6.90%
实际转运量/t·a^{-1}	12775	12775	0	0.00%
陈家镇生活垃圾转运站	1			
中转站造价/万元·a^{-1}	3	3	0	0.00%
中转站设备投资/万元·a^{-1}	18.75	18.75	0	0.00%
中转站运营成本/万元·a^{-1}	213	213	0	0.00%
中转站工作人员数/人	10	10	0	0.00%
实际转运量/t·a^{-1}	16425	16425	0	0.00%

从运营成本投入来说，横沙乡中转站运营成本改善空间较大，其余三个中转站运营成本改善空间较小。在人员投入上，横沙乡、新河镇、三星镇、庙镇应分别裁员4、1、4、0。另外运营投入中油耗占比达90%以上，一定程度上可以通过路线优化来降低油耗。中转站造价各设备投资成本偏高，是否是因为其服务半径较小未能达到预计转运量等原因，也可进一步分析。

3.5.2.4　模拟中转站数据分析

在中转站实际运营过程中，必然会出现设备的再投资和运营成本、转运量的变化等情况，此时通过中转站的纵向评价就可以得出设备的投资是否合理、效率是否达到最大。本节模拟崇明区2011~2015年中转站的运营情况见表3-22。

表3-22　崇明区2011~2015年全部中转站运营情况　　　（万元）

中转站名称	中转站造价	中转站设备投资	中转站运营成本	中转站工作人员数/人	实际转运量/$t \cdot a^{-1}$
2011年城瀛	42.5	30	400	9	30200
2012年城瀛	42.5	35	450	9	35260
2013年城瀛	42.5	45	520	11	41300
2014年城瀛	42.5	45	540	12	45380
2015年城瀛	42.5	50	566	12	47450
2011年横沙乡	22.6	15	80	5	3020
2012年横沙乡	22.6	15	90	5	3520
2013年横沙乡	22.6	20	120	5	4360
2014年横沙乡	22.6	20	130	6	5070
2015年横沙乡	22.6	20.625	150	6	6205
2011年新河镇	3	10	100	8	5050
2012年新河镇	3	10	120	9	8520
2013年新河镇	3	15	150	9	11060
2014年新河镇	3	15	160	9	12150
2015年新河镇	3	18.75	189	10	14600
2011年庙镇	3	10	60	7	4203
2012年庙镇	3	10	75	7	5500
2013年庙镇	3	15	95	8	7220
2014年庙镇	3	15	100	9	7650
2015年庙镇	3	18.75	118	9	9125

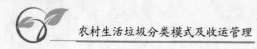

中转站名称	中转站造价	中转站设备投资	中转站运营成本	中转站工作人员数/人	实际转运量/t·a⁻¹
2011 年三星镇	3	10	95	7	6952
2012 年三星镇	3	10	110	7	8220
2013 年三星镇	3	15	130	8	10600
2014 年三星镇	3	15	150	8	11360
2015 年三星镇	3	18.75	165	8	12775
2011 年陈家镇	3	10	160	8	11650
2012 年陈家镇	3	10	180	8	12050
2013 年陈家镇	3	15	190	9	13590
2014 年陈家镇	3	15	200	10	15400
2015 年陈家镇	3	18.75	213	10	16425

DEA 模型运算结果见表 3-23。

表 3-23 DEA 模型运算结果 （万元）

排名	转运单元	综合效率	松弛变量				
			中转站造价	设备投资	运营成本	工作人员数/人	实际转运量/t·a⁻¹
11	2011 年城瀛	0.98401	8.10512	0	2.07160	0	0
1	2012 年城瀛	1	0	0	0	0	0
13	2013 年城瀛	0.95487	1.93248	0	0	0	0
1	2014 年城瀛	1	0	0	0	0	0
1	2015 年城瀛	1	0	0	0	0	0
29	2011 年横沙乡	0.44921	7.32373	3.74339	0	1.44744	0
27	2012 年横沙乡	0.46540	7.22151	3.49052	0	1.39621	0
30	2013 年横沙乡	0.43235	5.68779	4.32349	0	1.00881	0
28	2014 年横沙乡	0.46408	5.74000	4.25408	0	1.44381	0
26	2015 年横沙乡	0.49224	5.31349	3.99948	0	1.31265	0
25	2011 年新河镇	0.62505	0	0	0	1.73256	0
21	2012 年新河镇	0.90152	0	0	0	2.88524	0
20	2013 年新河镇	0.92387	0	0	0	0.39594	0
12	2014 年新河镇	0.95993	0	0	0	0.13713	0
9	2015 年新河镇	0.99046	0	1.07399	0	0.57279	0

续表 3-23

排名	转运单元	综合效率	松弛变量				
			中转站造价	设备投资	运营成本	工作人员数/人	实际转运量/t·a⁻¹
24	2011 年庙镇	0.84655	0	3.39270	0	3.76665	0
23	2012 年庙镇	0.89106	0	1.85115	0	2.92420	0
19	2013 年庙镇	0.92773	0	4.17835	0	2.52780	0
18	2014 年庙镇	0.93464	0	3.60813	0	3.11747	0
15	2015 年庙镇	0.94717	0	5.01448	0	1.83200	0
22	2011 年三星镇	0.89861	0	0	0	1.72057	0
17	2012 年三星镇	0.93782	0	0	0	1.39373	0
1	2013 年三星镇	1	0	0	0	0	0
14	2014 年三星镇	0.95424	0	0	0	0	0
10	2015 年三星镇	0.99041	0	3.38864	0	0	0
1	2011 年陈家镇	1	0	0	0	0	0
1	2012 年陈家镇	1	0	0	0	0	0
16	2013 年陈家镇	0.94205	0	0	2.95935	0	0
1	2014 年陈家镇	1	0	0	0	0	0
1	2015 年陈家镇	1	0	0	0	0	0

从表 3-23 可以发现，2012 年城瀛、2014 年城瀛、2015 年城瀛、2013 年三星镇、2011 年陈家镇、2012 年陈家镇、2014 年陈家镇、2015 年陈家镇 8 个转运单元综合效率为 1 且松弛变量都为 0，故此 8 个转运单元 DEA 有效，相对于其他转运单元效率达到最高。

3.5.2.5 结果分析

（1）改善方向分析。表 3-24 提供了中转站各指标的改善比例，为中转站的优化提供了方向。

表 3-24 崇明区 2011~2015 年 6 个生活垃圾转运单元的投入冗余比例及产出改进比例

排名	转运单元	综合效率	投入冗余比例/%				产出改进比例实际转运量/%
			中转站造价	设备投资	运营成本	工作人员数	
11	2011 年城瀛	0.98401	-20.67	-1.60	-2.12	-1.60	0.00
1	2012 年城瀛	1	0.00	0.00	0.00	0.00	0.00
13	2013 年城瀛	0.95487	-9.06	-4.51	-4.51	-4.51	0.00
1	2014 年城瀛	1	0.00	0.00	0.00	0.00	0.00

排名	转运单元	综合效率	投入冗余比例/%				产出改进比例
			中转站造价	设备投资	运营成本	工作人员数	实际转运量/%
1	2015 年城瀛	1	0.00	0.00	0.00	0.00	0.00
29	2011 年横沙乡	0.44921	−87.49	−80.04	−55.08	−84.03	0.00
27	2012 年横沙乡	0.46540	−85.41	−76.73	−53.46	−81.38	0.00
30	2013 年横沙乡	0.43235	−81.93	−78.38	−56.77	−76.94	0.00
28	2014 年横沙乡	0.46408	−78.99	−74.86	−53.59	−77.66	0.00
26	2015 年横沙乡	0.49224	−74.29	−70.17	−50.78	−72.65	0.00
25	2011 年新河镇	0.62505	−37.49	−37.49	−37.49	−59.15	0.00
21	2012 年新河镇	0.90152	−9.85	−9.85	−9.85	−41.91	0.00
20	2013 年新河镇	0.92387	−7.61	−7.61	−7.61	−12.01	0.00
12	2014 年新河镇	0.95993	−4.01	−4.01	−4.01	−5.53	0.00
9	2015 年新河镇	0.99046	−0.95	−6.68	−0.95	−6.68	0.00
24	2011 年庙镇	0.84655	−15.35	−49.27	−15.35	−69.15	0.00
23	2012 年庙镇	0.89106	−10.89	−29.41	−10.89	−52.67	0.00
19	2013 年庙镇	0.92773	−7.23	−35.08	−7.23	−38.82	0.00
18	2014 年庙镇	0.93464	−6.54	−30.59	−6.54	−41.17	0.00
15	2015 年庙镇	0.94717	−5.28	−32.03	−5.28	−25.64	0.00
22	2011 年三星镇	0.89861	−10.14	−10.14	−10.14	−34.72	0.00
17	2012 年三星镇	0.93782	−6.22	−6.22	−6.22	−26.13	0.00
1	2013 年三星镇	1	0.00	0.00	0.00	0.00	0.00
14	2014 年三星镇	0.95424	−4.58	−4.58	−4.58	−4.58	0.00
10	2015 年三星镇	0.99041	−0.96	−19.03	−0.96	−0.96	0.00
1	2011 年陈家镇	1	0.00	0.00	0.00	0.00	0.00
1	2012 年陈家镇	1	0.00	0.00	0.00	0.00	0.00
16	2013 年陈家镇	0.94205	−5.79	−5.79	−7.35	−5.79	0.00
1	2014 年陈家镇	1	0.00	0.00	0.00	0.00	0.00
1	2015 年陈家镇	1	0.00	0.00	0.00	0.00	0.00

（2）各中转站之间的比较。各中转站在 2011~2015 年间的 DEA 综合效率值见表 3-25 及图 3-9。

表 3-25　崇明区垃圾中转站综合效率值

年份	垃圾中转站综合效率值						综合效率均值
	城瀛	横沙乡	新河镇	庙镇	三星镇	陈家镇	
2011	0.984	0.449	0.625	0.847	0.899	1	0.801
2012	1	0.465	0.902	0.891	0.938	1	0.866

续表 3-25

年份	垃圾中转站综合效率值						综合效率均值
	城瀛	横沙乡	新河镇	庙镇	三星镇	陈家镇	
2013	0.955	0.432	0.924	0.928	1	0.942	0.863
2014	1	0.464	0.960	0.935	0.954	1	0.885
2015	1	0.492	0.990	0.947	0.990	1	0.903
综合效率均值	0.988	0.461	0.880	0.909	0.956	0.988	

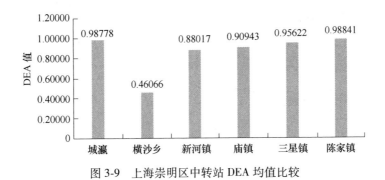

图 3-9　上海崇明区中转站 DEA 均值比较

比较发现横沙乡中转站效率最低，成瀛、陈家镇中转站效率较高。

（3）各年份之间的比较。上海崇明区在 2011～2015 年 5 年间的 DEA 有效值均值如图 3-10 所示。可以看出综合效率均值每年呈递增趋势。

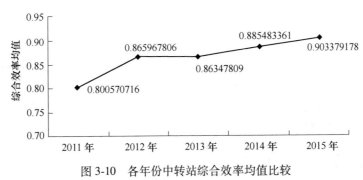

图 3-10　各年份中转站综合效率均值比较

（4）各中转站不同年份的比较。崇明区各中转站综合效率趋势变化如图 3-11 所示。

从图 3-11 可以看出，在 2013 年城桥镇、横沙乡、陈家镇的三个垃圾中转站综合效率值降低，通过数据分析发现，2013 年进行了较为明显的设备投资，收运费用明显增加，而垃圾转运量却没有达到理想效果。整体上看，中转站效率呈上升趋势。

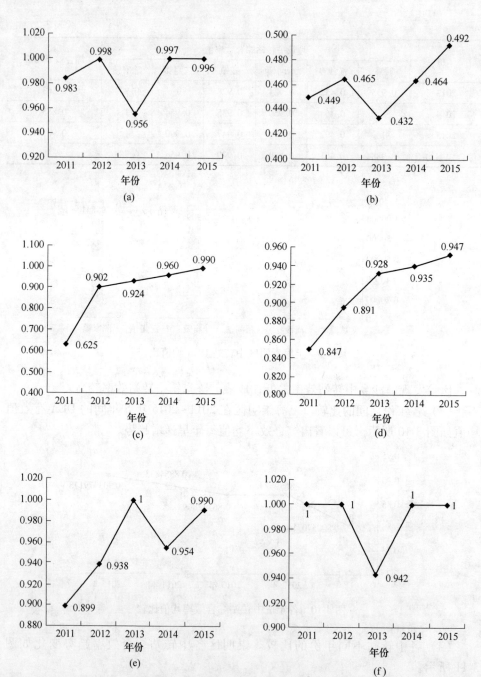

图 3-11　崇明区各中转站综合效率趋势

（a）城瀛垃圾中转站综合效率趋势；（b）横沙乡垃圾中转站综合效率趋势；
（c）新河镇垃圾中转站综合效率趋势；（d）庙镇垃圾中转站综合效率趋势；
（e）三星镇垃圾中转站综合效率趋势；（f）陈家镇垃圾中转站综合效率趋势

3.5.2.6 小结

在垃圾收运系统中，垃圾中转站效率的高低直接决定了垃圾的收运成本，以上从固定成本、运营成本、收运成本、劳动人员以及服务半径等几个方面进行分析，提出了提高村镇生活垃圾转运站效率的思路。此外为进一步提高生活垃圾转运效率，可以从以下几个方面进行改进：

（1）提高垃圾中转站的设备水平，对老旧、垃圾露天散落堆放的中转站应该进行优化；

（2）推进垃圾分类工作，特别要注重垃圾的干湿分类，从源头上减少垃圾清运量，在提高垃圾转运效率的同时，促进固体废弃物的资源化利用；

（3）对于垃圾收集密度较低的地区可以考虑在合适位置建立一定数量的小型一级中转站，将原有垃圾中转站作为二级转运单元，由此可以精简车辆数量，提高转运效率；

（4）一些能源投入冗余率较高的转运单元可以通过路线优化提高转运效率，特别严重的要考虑重新评估选址是否合理，与以上规划相互衔接另外布局，并对以上规划提出修改性建议。

3.6 村镇生活垃圾物流体系绩效评估模型

城镇一体化村镇的垃圾物流系统一般包括收集、中转、运输三个部分，受当地经济、市政设施、交通状况、公众的接受认可度、社会管理程度、环境保护等诸多因素影响制约，是一个与多种社会、环境、经济等因子相互联系、相互作用的有机整体，与城市生活垃圾收运系统有一定的相似性。综合国内外对垃圾物流系统的研究成果及深入垃圾收运第一线的调查研究，本节从经济性评价、高效性评价、环境影响评价、资源化评价、安全与应急评价和管理与社会评价等六个方面建立了城镇一体化村镇垃圾物流系统绩效评价指标体系。具体见表3-26。

表3-26 城镇一体化村镇垃圾物流系统绩效评价指标体系

一级指标	二级指标	三 级 指 标
经济性评价	单位垃圾收运费用	吨投资费用
		吨公里运行成本
	占地面积	吨收集点占地面积
高效性评价	系统效率	收运系统覆盖率
		垃圾处理供需比
		收集点清运比

续表 3-26

一级指标	二级指标	三 级 指 标
高效性评价	劳动效率	工人清运率
		垃圾车装卸效率
		垃圾车清运率
	设备效率	垃圾车装载系数
		垃圾车出勤率
环境影响评价	收集点环境影响	收集点清洁度
		收集点垃圾平均存放时间
		大气监测指标超标个数
		污水处理设施出水水质监测指标超标个数
		噪声监测指标超标个数
	运输过程环境影响	垃圾车跑冒滴漏率
		垃圾车密闭化运输率
资源化评价	资源回收	分类收集率
		资源回收率
安全与应急评价	安全	安全规章规程齐全度
		清运工人安全培训率
		安全事故发生次数
	应急	应急预案齐全度
管理与社会评价	人员管理	管理人员百分数
		人员素质构成比例
	设备管理	设备失修率
	居民满意程度	居民对物流系统投诉次数

垃圾收运系统绩效评价指标有定量指标和定性指标两种。定量指标能通过方案数据资料的计算进行量化；定性指标只能通过评价人员结合收运系统所在地的实际情况作定性的描述。考虑模型的客观性、灵活性、实用性等因素，评估模型是将两类评价指标都量化后，通过线性加权法结合起来形成单一的综合评价指标，它是一个无量纲的指标。模型公式如下：

$$Z_i = \sum_{j=1}^{m} a_j \cdot QF_{ij} + \sum_{j=m+i}^{n} a_j \cdot SF_{ij}$$

式中　　Z_i——第 i 种垃圾物流系统绩效综合评价值；

　　　　a_j——第 j 个指标的权重值；

　QF_{ij}，SF_{ij}——分别为定量指标和定性指标的评价值。

绩效评估模型的信息流如图 3-12 所示。

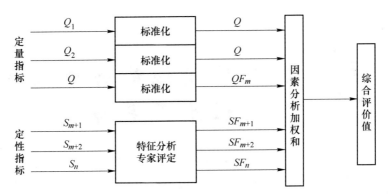

图 3-12 绩效评估模型信息流构成图

村镇生活垃圾适用收运
技术及装备

国外发达国家基本建立了完善的生活垃圾收运系统。生活垃圾收集方式是建立在垃圾分类收集基础上的，比较典型的收集方式有定时收集、申报收集、"双十"收集系统、墨洛科收集系统、气力抽吸式垃圾管道收集系统等。在生活垃圾的运输方面，发达国家生活垃圾运输机械化水平较高，管理体制也比较完善，实现了生活垃圾运输管理的机械化和信息化。其中转方式除国内常用的几种形式之外，还有压实打包成块式、RPP 垃圾压缩打包系统等形式。

我国村镇垃圾收运体系滞后于垃圾量增长速度，村镇生活垃圾的收运系统总体落后于整个城市垃圾收运系统。大多数区、县城压缩式收集站相对较少，中转设施也较为简陋，布局也不尽合理。集镇和农村范围内基本上采用垃圾房非袋装化收集或是上门袋装化收集，垃圾的收集设施大多数为比较原始的垃圾房，而且布局不合理。城镇的垃圾收运设施、设备整体上比较陈旧、落后，密闭化程度不高，容易造成二次污染。

4.1 国内外生活垃圾收运技术装备分析

（1）国内外垃圾收运技术装备对比见表 4-1。

表 4-1 国内外垃圾收运技术装备比较

项目	种类	内容和优缺点
收集方式	车辆流动收集（无站式收集）	240L、600L 和 1100L 的塑料垃圾桶收集，然后由后装垃圾车、侧装垃圾车收运，直接或经中转后运往垃圾处理厂（场）。较适用于人口密度低、车辆可方便进出的地区。这种方法在西欧使用很普遍。国内一些人口密度较低的中、小城市，或大城市的周边地区，也较适用这种方法。车辆流动收集方式的优点是其灵活性较大，垃圾的收集点可随时变更，但由于车辆必须到收集点进行收集作业，会对收集点周围环境造成影响（如噪声、粉尘等）
	小型压缩收集站	一般通过人力或机动小车运至收集站。收集站中安装有将垃圾从小车向运输车集装箱体转移的设施。较适应于人口密度高、区内道路窄小的城区，一些对噪声等污染控制要求较高，及实行上门收集或分类收集的地区，也较适宜这种收集方式
	动力管道收集	主要使用于居住密度较大的高层住宅群。由于这种系统投资较大、难度较大，日常运行费用也高，目前只有少数发达国家使用

续表 4-1

项目	种类	内容和优缺点
中转站方式	直接倾斜装车（中、小型）中转站	城市垃圾的直接倾斜转运的优点是投资较低、装载方法简单可减少设备事故。无压实时，装载密度较低，运输费用较高，且对垃圾高峰期的操作适应性差
	储存待装型中转站	这种方法对城市垃圾的转运量的变化，特别是高峰期适应性好，即操作弹性好。需建设大的平台储存垃圾，投资费用较高，且易受装载机械设备事故影响
	多用途的中转站	既可直接装车，又可储存待装式中转站

（2）各种收集装备的方式和适用范围对比见表 4-2。

表 4-2　垃圾收集装备工作方式比较

种类	工作方式和适用范围	优缺点
后装式垃圾车	较低的装载高度和大容积的装料斗使得垃圾的装载更加方便。在商业垃圾和生活垃圾的收集中都有应用。在人口密度较高的城区及人口密度较低的城郊成为生活垃圾快速收集的主力车型	导向灵活，可以方便地在较窄的街道中穿行
侧装式垃圾车	全自动侧装式垃圾车使用"机械手"将垃圾箱（桶）中的垃圾倾倒至车厢中，是自动化程度最高的垃圾收集车。手动侧装式垃圾车的机械结构相对简单，由操作员将垃圾箱与垃圾车侧面的提升装置连接，这种设计使车体可以变得较小，垃圾的装载步骤简化	使垃圾收集工作变得简单、便捷，同时也使操作员的工作条件更加适宜。某些侧装式垃圾车可以与后装式垃圾车通过对接装置连接，方便转运
前装式垃圾车	前装式垃圾车的驾驶室较低，方便前置叉头将垃圾收集容器从驾驶室上方经过后倒入后舱。前装式垃圾车主要应用于商业垃圾领域，当然，也被应用于生活垃圾收集领域	高效率，在收集工业垃圾和商务办公垃圾方面有广泛的用途

（3）各种运输装备的方式和适用范围对比见表 4-3。

表 4-3　垃圾运输装备工作方式比较

种类	工作方式	优缺点和适用范围
活动底板式垃圾（半挂）车	容积 $30 \sim 60 m^3$，最大装载质量可达 40t 以上，底板为前后伸缩式活动条块组合而成，卸垃圾时各个条块一起向倾卸口方向运动。像一块抽板似的将垃圾投抽出车外	这种挂车非常适合于运输废橡胶制品以及打成包的垃圾
液压推顶式垃圾（半挂）车	最大容积 $50 m^3$，最大载质量 35～40t。这种挂车前端装配一块液压控制的推板，卸垃圾时液压系统给推板提供由内而外的推力，推板沿车身两侧的滑轨作推顶运动将垃圾推出车外，完成装卸只需 2～2.5min	此种车型适应各种生产垃圾的运输，对于粉尘型垃圾也比较合适

种类	工作方式	优缺点和适用范围
拉臂车	净载质量 8~25t，通过拉臂将货箱与底盘大梁系起来。拉臂车可以将货箱推至地面进行装填，然后经满载垃圾的货箱提回就位。垃圾倾卸采用自卸方式，自卸倾角大于 50°，10s 之内完成倾斜工作。一般具有液压系统，一个是拉臂运动操作液压系统，另一个是自卸液压油缸系统。这两套液压系统之间配有内部液压锁，使拉臂车的装和卸有条不紊的进行，避免冲突	拉臂车由于装配在卡车底盘上，转弯半径小，灵活机动，适应往返于城市和远郊之间，运距一般在 40~60km，具有城郊和市内的两栖工作环境
滚装车	通过两条滑轨和底盘相连接，滑轨的上端装有卷扬机，通过缆线和货箱相连，卸下货箱时放松缆线使货箱落至地面，然后卷扬机绞紧缆线，提升货箱，恢复原位。倾卸采用自卸方式，自卸倾角大于 50°	在载质量及适用特性等方面与拉臂车非常相似。此种车型被广泛用于旅馆等垃圾集中地

4.2 村镇生活垃圾收运技术及装备优化

4.2.1 收运技术选择

（1）收集方式。收集设施设置方式有多种，如垃圾房收集、上门收集、小压站收集、单放集装箱收集和单放垃圾桶收集等等。各种收集方式均有优缺点，也有各自的适用范围。

收集设施的设置原则：应方便垃圾的收集和运输，并应减少对周围环境的污染，与人的生活习惯和人的自身素质密切相关，同时与后续配套运输方式密切相关。

（2）转运方式。转运技术多种多样，其技术选择可结合中转站选址、规模、后续设施接口、运输距离、收集车辆形式等进行综合选择。

对于分散中转站，由于其规模较小、用地不大，且运输车辆车型较小，为此，推荐其采用水平推入装箱型工艺，在中转站布置上，不设坡道，以节约用地和投资。

4.2.2 收运装备选择

收运装备选择需适应收运方式的要求，且要求其在运输过程中尽量减少对周围环境的影响。

（1）与收集方式配套的运输装备。

1）与垃圾收集房收集方式配套，选用后装压缩车或侧装式垃圾运输车，车型为 2~5t 车辆；随着技术的完善，可逐步选用环保型收运车（如大电容电瓶车）。

2）与小型压缩站收集方式配套，选用车厢可卸式运输车，车型为 5~8t

车辆。

（2）与转运环节配套的运输装备。

1）与分散中转站配套，选用车厢可卸式运输车，车型为5~10t车辆。

2）与集中中转站配套，选用车厢可卸式运输车（钢丝牵引），车型为15t车辆。

4.2.3 村镇生活垃圾收集环节实用技术

4.2.3.1 生活垃圾小型压缩收集站

生活垃圾小型压缩收集站（简称收集站）作为一种收集居民生活垃圾的小型环卫设施，在镇区可根据实际发展情况，考虑采用收集站的收集方式。

（1）工艺流程。收集站的工艺流程如图4-1所示。

图4-1 收集站工艺流程

居民生活垃圾由保洁工上门收集，用人力车送到收集站。将垃圾倒入垃圾压缩机的料斗内，料斗由专用装置提升、翻转，将垃圾倒入垃圾压缩机的储料仓内。仓内垃圾在压缩机推头作用下，经与压缩机储料仓出口对接的垃圾集装箱进料口送入集装箱内。当集装箱内垃圾量达到额定装载量时，停止装载。满载的垃圾集装箱用专用运输车运至处理场。

（2）收集站运行。在收集站服务区域内，应采用保洁工上门定时收集方式，一般情况下，服务区域不大，服务半径在600m左右，直线距离不超过1000m，每个保洁工的收运量为1.0~1.5t/（人·d），每人每天清运垃圾路程为6.0~8.0km/（人·d）。

（3）主要设备见表4-4。

表4-4 收集站主要设备技术参数

主要设备名称	技术参数	主要设备名称	技术参数
1. 压缩机		2. 集装箱	
储料仓容积/m³	0.5~1.2	垃圾箱有效容积/m³	7~12
料斗容积/m³	0.5~0.7	垃圾箱额定装载量/kg	3800~6400
最大推挤力/kN	90~150	箱后门密封方式	密封条
压缩周期/s	≤45	箱后门开启方式	手动或液压
提升倾翻周期/s	≤30	3. 移位装置	
液压系统额定压力/MPa	10~15	移位形式	机移位
电机功率/kW	4~7.5	移位速度/m·min⁻¹	4~30
最大处理能力/m³·h⁻¹	40~80	电机功率/kW	0.75~2.2

4.2.3.2 流动压缩式收集站

流动压缩式收集站配置的垃圾压缩装置是水平式垃圾压缩机，此时垃圾压缩机与集装箱是一体的。装满垃圾运走时，垃圾压缩机和集装箱一起装上运输车，运往垃圾中转站（或处理场）。

这种垃圾压缩机就成为一个流动压缩收集站，只需一定面积（20m² 以上）和电源（380V）就可工作，机动、灵活，特别适合于一些不适宜建固定式收集站的地方或者是垃圾产出量变化很大的场所（如公园、体育场馆、展览馆等公共场所）及市容整治等临时活动使用。

但因没有配套的建筑和设施，故环保措施不易落实。垃圾压缩机与集装箱一起运输，可减少集装箱装载量，降低收运效率。

现有的国内外流动型垃圾（压缩）装置（收集机）主要有 3.5t 级、6.0t 级、12t 级三种（箱内垃圾额定装载量），分别配置在 5~6t、8t、15t 专用汽车上。

4.2.3.3 垃圾箱房

镇区和村庄都可以考虑采用此种方式，但是要注意以下几点：

（1）垃圾箱房作为一种收集设施，仍将存在一段时间，其在使用中确实存在不少问题。如居民自行投放垃圾时，会有垃圾的散落污染环境问题；收集作业时车辆产生的噪声影响居民问题；垃圾箱房管理、保洁不及时，影响景观等问题。

针对上述问题，应加强垃圾箱房的管理，改进配置的设施，做到清洁卫生、方便，可以考虑依托居委会、物业公司一起实施管理。主要措施有：

1）落实专职管理人员，明确责任和服务内容，并加强监督和检查；

2）配置用电、用水设施，铺设地坪、下水道，加强清洗、保洁工作；

3）加强对居民环境保护的宣教力度，做到定时投放、垃圾入桶，以改善周围的环境；

4）收集车文明作业、减少噪声，作业后清扫场地，减少对环境的影响。

（2）垃圾箱房收集垃圾时，一般由居民自行将垃圾袋装后投放到垃圾箱房内的桶（箱）内，其服务半径一般不超过100m，由服务范围内的垃圾量决定配置的垃圾桶（箱）的数量。一般情况下每座配置 6~8 只 0.24m³ 的垃圾桶。当实行上门收集时，实现二次袋装化，每座垃圾箱房的服务半径可达150m，日处理垃圾量 700kg 以上。

（3）垃圾箱房的管理保洁人员的工作定额一般为每人管理 24 只垃圾桶（约 3~4 座垃圾箱房）。实现二次袋装化上门收集时，每座垃圾箱房配一个管理人员。

（4）因每座垃圾箱房的服务范围和处理垃圾量均较小，当一个地区需要处置一定数量垃圾时，就必须建设一定数量的垃圾箱房，每辆垃圾运输车要服务若干垃圾箱房才能满载，所以增加了运输车的辅助作业和运行时间，因此，从运行经济性来看，在某一地区大量建设垃圾箱房作为垃圾收集设施，不仅增加了污染点，而且由于增加管理人员，增加配置运输车数量，使运行费居高不下，显得不合理。

4.2.4　生活垃圾中转环节实用技术

4.2.4.1　竖直装箱式垃圾转运技术

对于垃圾产生量比较大的集镇可采用该工艺，该工艺适用于机械化收集程度较高区域的垃圾集中转运。

A　工艺流程

竖直装箱式工艺流程图如图 4-2 所示。

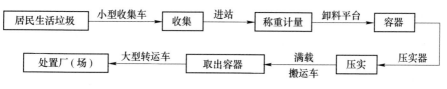

图 4-2　竖直装箱式工艺流程

小型收集车收集垃圾运入中转站，经称重计量，入卸料车间，直接将垃圾卸入竖直放置的圆筒式集装箱。集装箱内的垃圾在自身的重力作用下得到一定压实，当集装箱内的垃圾装满后，位于集装箱上方的压实器对垃圾进行竖直压缩，然后再往集装箱中卸垃圾、再压缩，直到集装箱中的垃圾量装满（达到设计值）为止。装满垃圾的集装箱由专用搬运车放平，并转载到大型专用转运车上，运往垃圾处理厂（场）处理。这种工艺的垃圾集装箱与大型转运车分离，操作方便，垃圾转运可实现封闭、满载、大运量操作。

B　车辆选择

根据中转站作业、垃圾运输和卸载的条件不同，中转站可配置不同的设备，主要区别在配备的车辆及集装箱，一般采用 1~3 种，即搬运车、转运车、卸载车。

（1）因这种中转站的作业特点是集装箱竖直装载、压缩。故在中转站内必须配置可将由集装箱水平状态转换成竖直状态（或反之）的专用设备（因为容器在运输状态时呈水平）。该专用设备称作为搬运车。

（2）一般道路条件下，转运距离超过 20km。在运输过程中，只要将集装箱锁定在转运车上即可。如采用搬运车作为转运车，则每台转运车均需配置昂贵的专用装置（运输过程中没用），反而会使其液压系统和监控系统加快损坏，增加维修费用。所以采用转运车进行垃圾运输，转运车可以是单车，或是单车牵引挂车，也可是牵引式半挂车，车上专用装置仅是集装箱与转运车的锁定机构。

（3）在处置场将集装箱内垃圾卸掉采用的是倾卸车。在卸载时必须保证能安全、顺利地将集装箱内垃圾卸尽。

当在填埋场作业区卸载时，因卸载区的道路松软、不平、不均匀，集装箱内垃圾多，经常边走边卸才能将集装箱内垃圾卸尽，所以部分项目专门设计了一种集装箱卸载车，其倾卸角可达55°，且车辆尾部配置了一对宽大的边轮，在卸载时着地作为支点，提高车辆的稳定性和通过性。

而在焚烧厂卸载时，由于卸载作业条件好，场地平整、坚实，同时焚烧厂内垃圾储存槽有足够的深度，可一次后倾卸尽容器内垃圾，不用边走边卸。此时的容器卸载车的专用装置仅为可实现后倾角为50°的倾卸机构。

所以竖直装箱式垃圾中转站将根据建设条件配置车辆。一般情况下，如中转站到垃圾处置场的运距较大，且在填埋场卸载，经常配置三种形式的车辆；如在焚烧厂卸载，经常配置二种形式车辆：搬运车和转运车（将转运车和卸载车合二为一）。

中转站内配置车辆的形式越多，管理和调度难度越大。一般来说，可根据村镇具体情况，在生活垃圾中转站建设时将搬运车、转运车、卸载车三者合一为转运车。

（4）该型中转站另一主要设备是压实器。压实器位于竖直放置的集装箱上方，并可沿着竖直放置的集装箱做水平运动，其压头是圆柱形的，由液压系统驱动作上下运动。由电气定位机构保证压实与集装箱的相对位置，压头通过上下运动对集装箱内的垃圾压实。每个压实器可服务于6~8只集装箱。

C　主要设备技术参数

竖直装箱式中转站的特点是以集装箱为核心进行设备配置，主要包括集装箱、压实器、转运车、称重计量系统等设备。配备的主要设备技术参数见表4-5。

表4-5　竖直装箱式中转站主要设备技术参数

主要设备名称	技术参数	主要设备名称	技术参数
1. 集装箱		3. 转运车	
长度	约6m	底盘形式	8×4
有效容积/m³	25	绞盘拉力/kN	300
满载时装载质量/kg	15000	最大举升角/(°)	72
2. 压实器		液压系统最大工作压力/MPa	30
压头直径/mm	1500	最大总质量/kg	310000
水平移动速度/mm·s⁻¹	250 ~ 300	4. 收集车称重计量装置	
上下压实速度/mm·s⁻¹	200	最大称重量/kg	20000
压实力/kN	300	称重精度	Ⅲ级（最小分度值10kg）
电机功率/kW	37		

4.2.4.2 水平装箱式集中中转垃圾转运技术

对于垃圾产生量比较大的集镇可采用该工艺，该工艺适用于垃圾的集中转运。

A 工艺流程

如图4-3所示，垃圾收集车完成垃圾收集作业后先进站称重计量，然后驶向二层卸料大厅，倒车至卸料口卸料，卸料口配置了专用快速自动卷帘门，可以通过自动感应收集车的有无来自动开启和关闭，用以隔离臭气和灰尘的逸散。卸料的同时喷淋降尘系统及除臭系统可以通过自动检测收集车的有无自行启动和关闭。

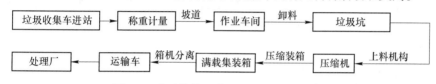

图4-3 水平装箱工艺流程（集中中转站）

料槽中的垃圾直接进入压缩机的压缩腔或通过半潜推头推入压缩机的压缩腔，然后通过压缩机使松散垃圾被压缩减容并压入垃圾集装箱。垃圾装运箱在装满后由大吨位拉臂钩车将垃圾转运到最终的垃圾处理焚烧厂处理。同时，为提高垃圾压缩处理效率，还增设平移换箱机构来缩短换箱时间。

整个站内转运站作业通过自动控制系统进行监控。

B 主要设备参数

主要设备参数见表4-6。

表4-6 水平装箱式集中中转站主要设备技术参数

主要设备名称	技术参数	主要设备名称	技术参数
1. 压缩机		3. 集装箱	
压缩机形式	水平直接压入式	类型	密封式、与拉臂车相匹配
额定垃圾处理量/t·h⁻¹	30~50	容积/m³	≥28
压缩比	1:2以上	尺寸/mm×mm×mm	≤7000×2490×2520
压缩头进入箱体内行程/mm	≥800	额定装载量/kg	15000
2. 平移机构		4. 运输车	
结构形式	双层平台结构，上层纵向移位，下层横向移位	外形尺寸（长×宽×高）/mm×mm×mm	≤10000×2500×3200
平移距离/mm	3000	底盘形式	8×4
平移速度/m·min⁻¹	5	液压拉臂钩额定提升质量/kg	≥25000
平台承载能力/t	>40	最大总质量/kg	31000
		额定装载量/kg	15000

4.2.4.3 水平装箱式分散中转垃圾转运技术

该工艺适用于分散中转站。

A 工艺流程

为与5t级收集车配套、垃圾转运过程中不落地，且节省投资，中转站可选用翻斗方案，工艺流程如图4-4所示。

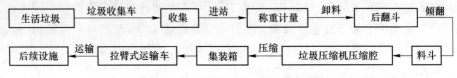

图4-4 水平装箱工艺流程（分散中转站）

垃圾收集车进站，卸入压缩机后翻斗（该后翻斗可承载小于5t收集车的垃圾装载量，容积为5~10.0m³），后翻斗位于压缩机的后方，通过液压系统倾翻进入压缩腔上方的料斗，料斗内的垃圾依靠重力作用进入压缩机压缩腔；压缩腔内的垃圾在压缩机机推头（液压驱动）的推力作用下进入与之对接的集装箱内，集装箱由拉臂式运输车与压缩机对接；在垃圾装箱机推头的压力作用下，随着箱内垃圾的增多，垃圾得到了一定程度的压实，直到集装箱装满为止；装满垃圾的集装箱由拉臂式运输车运往垃圾处置场处理。

为改善中转站作业环境和减少对周围环境的影响，中转站车间内料斗和翻斗上方安装简易喷淋除臭装置（天然植物液喷淋）。站内污水收集后，外运集中处理。

B 主要设备技术参数

设备主要技术参数见表4-7。

表4-7 水平装箱式分散中转站主要设备技术参数

主要设备名称	技术参数	主要设备名称	技术参数
1. 压缩机		2. 转运车及集装箱	
压缩机料斗容积/m³	5~10	形式	车箱可卸式
上料方式	翻斗上料或半高位上料（1~2.0m左右）	车辆最大总质量/t	15
压缩推料作业周期/s	<35~40	驱动形式	4×2
额定工作推力/kN	150	箱有效容积/m³	12
液压系统最大工作压力/MPa	15	集装箱装载质量/t	>6.4
电动机功率/kW	15	卸载方式	后倾自卸式

4.3 村镇生活垃圾收运标准化技术体系构建

4.3.1 垃圾桶

根据调研数据，农村每人生活垃圾产生量约为 0.5~0.8kg/d，根据《中国统计年鉴（2016）》，中国农村每户平均人口约为 3.95 人。以每户 4 口人计，每人产量约 0.8kg/d 计，合计每户每天约产生活垃圾 3.2kg，按照 0.3kg/L 的生活垃圾密度计算，每日每农户产生生活垃圾约为 10.7L，考虑到实施一体化收运的农村基本都能实现日产日清或两日一清，因此，建议实施日产日清的农村家庭，配置垃圾桶容量以 12L 为宜，实施两日一清的农村家庭，配置垃圾桶容量以 20L 为宜。实施垃圾分类的农村家庭，建议配置垃圾桶容量以 6~10L 为宜，数量为两只。

考虑到垃圾暴露影响到村容村貌，并可能有雨水进入增加垃圾重量，建议在农村配置加盖的户用垃圾桶。两种推荐规格的垃圾桶如图 4-5 所示。

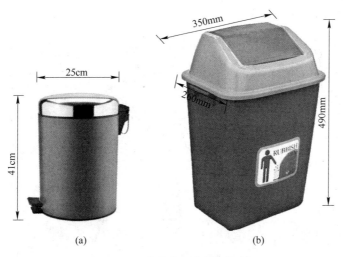

图 4-5 两种推荐规格的垃圾桶

（a）12L 垃圾桶；（b）20L 垃圾桶

4.3.2 垃圾收集点（站）

为避免垃圾水污染环境，建议逐步取消无盖的生活垃圾收集池。可采取垃圾桶、垃圾房收集生活垃圾。垃圾直接落地的垃圾房虽可减少污染，但是远不及桶装式干净，此收集方式将逐步被淘汰，配套的收集车辆也相应淘汰。

根据现场走访，现在村庄许多为分散居民点和产业发展区交融的布局（混合型村庄），垃圾房主要分布在村庄进出道路的两侧，以服务周边的村民及乡镇企业，因此建议村庄生活垃圾房宜设置在这些区域的道路两侧。此外，还有一种情况是垃圾房布局在村民活动室边，一般也在道路两侧。

4.3.2.1 垃圾桶收集点

垃圾桶收集方式（图4-6）的配套收集设备投入较高，适宜经济发展中等以上的村镇。根据调研，当前村庄生活垃圾收集点的最小设置单位为居住人数在100人左右。按照以每户4口人计，每人每天产量约0.8kg计，合计每户每天约产生活垃圾3.2kg，按照0.3kg/L的生活垃圾密度计算，清运周期按每天清运一次计算。收集点的最大服务半径不超过300m，建议服务半径为100~200m。

（1）100户以下（服务人口400人以下）设置1个垃圾收集点，配置240L标准垃圾桶4个及以上。

（2）200户以下（服务人口800人以下）设置2个垃圾收集点，每个收集点配置240L标准垃圾桶4个及以上。

（3）200~500户（服务人口800~2000人）应设置3~5个垃圾收集点，每个收集点配置240L标准垃圾桶4个及以上。

图4-6　生活垃圾收集点

4.3.2.2 垃圾房收集点（内置垃圾桶）

垃圾房内置垃圾桶（图4-7）收集方式的配套收集设备投入较高，适宜经济发展中等以上的村镇。按照以每户4口人计，每人每天产量约0.8kg计，合计每户每天约产生活垃圾3.2kg，按照0.3kg/L的生活垃圾密度计算，清运周期按每天清运一次计算。收集点的最大服务半径不超过300m，建议服务半径为100~200m。

图 4-7　垃圾收集房（内置垃圾桶）

本节对村庄垃圾房内的垃圾桶数进行了统计分析，发现村庄生活垃圾房的垃圾桶数量远较镇区生活垃圾房内垃圾桶数量高，而且在 20 个以内的比例最高，同时若垃圾房内垃圾桶数量超过 20 个，则污染相对较重，且说明设置密度偏低，因此建议村庄生活垃圾房内垃圾桶数量不宜超过 20 个。同理，对镇区生活垃圾房内垃圾桶数量也进行了统计，发现大部分在 8 个以内，但为适应分类收集，垃圾房内垃圾桶宜略增至 10 个。同时，为了保证垃圾收集房的经济性，收集房垃圾桶数量应不少于 4 个。因此，建议村庄农村生活垃圾房的垃圾桶数量上限为 20 个，下限为 4 个；镇区生活垃圾房的垃圾桶数量上限为 10 个，下限为 4 个。

（1）100 户以下（服务人口 400 人以下）设置垃圾收集房 1 个，每个收集房建筑面积不小于 5m²，配置 240L 标准垃圾桶 4 个及以上。

（2）200 户以下（服务人口 400~800 人）设置收集房 1~2 个，每个收集房建筑面积不小于 5m²，配置 240L 标准垃圾桶 4 个及以上。

（3）200~500 户（服务人口 800~2000 人）应设置收集房 3~5 个，每个收集房建筑面积不小于 5m²，配置 240L 标准垃圾桶 4 个及以上。

（4）500~1200 户（服务人口 2000~5000 人）应设置垃圾收集房 5~12 个，每个收集房建筑面积不小于 5m²，配置 240L 标准垃圾桶 4 个及以上。

（5）内置垃圾容器的垃圾房宜设有给排水和通风设施。

4.3.2.3　垃圾收集点（垃圾直接落地）

垃圾房（垃圾直接落地）（图 4-8）收集方式的配套收集设备投入相对较低，适宜经济相对落后的村镇。按照以每户 4 口人计，每人每天产量约 0.8kg 计，合计每户每天约产生活垃圾 3.2kg，按照 0.3kg/L 的生活垃圾密度计算，清运周期按每天清运一次计算。收集点的最大服务半径不超过 300m，建议服务半径为 100~200m。

（1）100 户以下（服务人口 400 人以下）设置垃圾收集房 1 个，每个收集房

图 4-8 垃圾收集房（垃圾直接落地）

建筑面积不小于 $2m^2$。

（2）200 户以下（服务人口 400 ~ 800 人）设置收集房 1 ~ 2 个，每个收集房建筑面积不小于 $2m^2$。

（3）200 ~ 500 户（服务人口 800 ~ 2000 人）应设置收集房 2 ~ 5 个，每个收集房建筑面积不小于 $2m^2$。

（4）500 ~ 1200 户（服务人口 2000 ~ 5000 人）应设置垃圾收集房 3 ~ 12 个，每个收集房建筑面积不小于 $2m^2$。

4.3.2.4 生活垃圾收集站设置研究

依据《环境卫生设施设置标准》，居住小区或村庄超过 5000 人时，应设置收集站，村庄小区少于 5000 人时，可与相邻区域联合设置收集站，镇（乡）建成区垃圾日产量超过 4t 时，宜设置收集站。《生活垃圾收集站技术规程》认为，每个村庄都应设置收集站。收集站设置数量应大于 1 座/1km²。作者结合调研成果，村庄不满 5000 人时，如处于偏远地区，则应单独设置收集站；如处于人口密集，垃圾产生量大的区域，可与相邻区域联合设置收集站。主要结论如下：

（1）居住小区或村庄超过 5000 人时，应设置收集站。

（2）村庄不满 5000 人时，处于偏远地区，则应单独设置收集站；处于人口密集，垃圾产生量大的区域，可与相邻区域联合设置收集站。

（3）镇（乡）建成区垃圾日产量超过 4t 时，宜设置收集站。

（4）村镇收集站设置数量应大于 1 座/1km²。

（5）收集站的规模应根据服务区域内规划人口数预测的垃圾产生高峰月的

平均日产生量确定。

（6）收集站可设置为独立式和合建式，用地面积均需满足收集站用地面积标准要求。一机两箱的小型压缩收集站建筑面积约需 80m²，用地面积约 120m²，因此在此规定生活垃圾收集站建筑面积不宜小于 80m²。若有分类要求的生活垃圾收集站另需增加 10m² 的面积。

在此种情况下，建议可设置生活垃圾收集站以代替生活垃圾收集点，但需与本区的收运模式对接。

4.3.2.5 垃圾收集点（站）配套车辆研究

摆放垃圾收集桶的收集点（房）建议配套后装压缩车或侧装式垃圾运输车，车型为 2~5t 车辆，如图 4-9 所示。

(a)　　　　　　　　　　　　　　(b)

图 4-9　压缩车

（a）后装式压缩车；（b）侧装式压缩车

道路条件不足的村镇，建议配套微型卡车，车型为 1~2t 车辆，如图 4-10 所示。

图 4-10　微型卡车

直接落地的垃圾房（池）建议配套密闭式垃圾车，车型为 1~5t 车辆，如图 4-11 所示。

图 4-11　密闭式垃圾车

　　放置垃圾斗和小型集装箱的垃圾收集点（站）建议配套摆臂式垃圾车，车型为 1~5t 车辆，如图 4-12 所示。

图 4-12　摆臂式垃圾车

　　垃圾压缩收集站建议配套车厢可卸式垃圾车（勾臂式垃圾车），车型为 5~8t 车辆，如图 4-13 所示。

图 4-13　车厢可卸式垃圾车

4.3.3　垃圾转运站设置研究

4.3.3.1　垃圾转运站设置

根据《环境卫生设施设置标准》（CJJ/T 27—2012），当垃圾运输距离超过经济运距且运输量较大时，宜设置垃圾转运站。垃圾转运站的设置应符合下列规定：

（1）服务范围内垃圾运输平均距离超过 10km，宜设置垃圾转运站；平均距离超过 20km 时，宜设置大、中型转运站。

（2）镇（乡）宜设置转运站。

（3）采用小型转运站转运的城镇区域宜按每 $2\sim3km^2$ 设置一座小型转运站。

对村镇而言，垃圾转运站设置与否应根据各区域实际情况决定，但若设置，就应符合《环境卫生设施设置标准》（CJJ/T 27—2012），该标准将转运站分为三大类、五小类。上述规定提出了对不同类型转运站设置的推荐运输距离。通过研究发现，在诸多区域，垃圾直接运输和中小型转运站转运的临界点距离通常在 10km 左右；中小型转运站转运与大中型转运站转运的临界点距离通常在 20km 左右。随着处理设施的规范，镇（乡）通常不设处理设施，需要运往距离较远的处理设施，为了便于采用城乡一体化收运处理模式的镇（乡）生活垃圾的收运管理，推荐镇（乡）设置转运站。

4.3.3.2　转运站装备选择

根据调研，多数村镇人口密度较小，垃圾分散转运站较多。对于分散中转站，由于其规模较小、用地不大、且运输车辆车型较小，为此，推荐其采用水平推入装箱型工艺。

收运装备选择需适应收运方式的要求，且要求其在运输过程中尽量减少对周围环境的影响。

（1）与分散中转站配套，选用车厢可卸式运输车，车型为 $5\sim10t$ 车辆。

（2）与集中中转站配套，选用车厢可卸式运输车（钢丝牵引），车型为 15t 车辆。

4.4　村镇生活垃圾收运规程

4.4.1　总则

收集与运输（简称"收运"）是生活垃圾处理全过程的两个重要环节，直接关系到居民的生活与环境保护。本书是在国家有关基本建设方针、政策、法规和国家现行技术标准指导下，借鉴、总结国内生活垃圾收运的经验，并考虑社会经济发展需要而编制的。本书编制目的在于为垃圾收运规范化管理提供科学依据，推动垃圾收运技术进步，提高经济效益与社会效益。本书的适用范围概括为村镇。村镇范畴包括建制镇区和村庄等。

4.4.2 一般规定

（1）村镇生活垃圾的收运应执行国家现行法律、法规的规定，贯彻环境保护、节约土地、劳动卫生、安全生产和节能减排等有关规定。

（2）村镇生活垃圾收运系统的建设应符合其所在区域的环境卫生专业规划。收运设施的数量、规模、布局和选址应通过对技术、经济、社会和环境影响的综合分析来确定。村镇收运设施设备应与后续转运系统和处理系统相协调。

（3）村镇生活垃圾收运应坚持专业化协作和社会化服务相结合的原则，提高专业化运行管理水平，合理降低运行成本。提倡建立垃圾前端清运信息化管理系统。

（4）村镇应积极推行垃圾分类收集，实行垃圾统筹分类运输和处理。农业废物不宜混入生活垃圾收运系统。

（5）建筑垃圾、工业废物、医疗废物、生活垃圾中的危险废物及其他类别危险废物、粪便等均需根据相关规定单独收集、运输及处理处置，严禁混入村镇生活垃圾收运系统。

（6）餐饮垃圾不得混入生活垃圾收运系统。

（7）应在村镇垃圾收运设施设备显著位置标明环卫标志、使用单位名称和新能源标志。

（8）垃圾收运单位应根据区域生活垃圾应急处置预案具备相应的应急处置能力。突发环境、公共卫生事件中不能按常规程序和方法收集运输，应首先按危害废物进行处置。

4.4.3 生活垃圾排放和收集运输

4.4.3.1 排放

（1）生活垃圾应排放到指定垃圾容器或排放点，不得乱丢乱倒。

（2）应推行生活垃圾定时定点排放、定时定点收集制度。

（3）严禁任何单位和个人向河流、湖泊、沟渠、水库等水体及河道倾倒生活垃圾。

（4）灰土垃圾应就地就近规范处置。

4.4.3.2 收集

（1）村镇生活垃圾全部施行桶装收集模式，定时、定点收集生活垃圾。其中对农户生活垃圾可采用巡回收集方式，对村镇垃圾收集点（站）生活垃圾采用定时、定点收集方式。

（2）村镇生活垃圾应推行"分类收集"方式，其中村庄生活垃圾分类收集方式参照镇区执行。垃圾的分类收集运输应该密闭化，防止尘屑撒落和垃圾污水滴漏。

（3）每个村民小组宜配置一辆生活垃圾收集车，将各农户垃圾收至垃圾容器间（垃圾房）或垃圾收集站。生活垃圾收集车宜采用小型电动桶装车。

（4）镇区清扫垃圾宜单独收集、运输及处理。

（5）集市菜场、公交集散地及其他产生生活垃圾量较大的设施产生的垃圾应日产日清，并按照其关门时间实行定时收集。

（6）村镇水面垃圾应及时清捞，清捞频率可根据当地的季节、水量及水域面积、气候条件等现实条件和实际需求合理确定。

4.4.3.3 运输

（1）不同镇应根据垃圾收集点（站）的分布情况以及运距、运输量并结合地形、路况等情况选用科学合理的运输模式。

（2）村庄生活垃圾全部通过巡回或定时收集至垃圾收集点（站）。收集点（站）的生活垃圾全部由镇负责清运，由区统一处理。

（3）村镇逐步取消敞开式垃圾集装箱收集方式。

4.4.4 生活垃圾收运配套机械设备

4.4.4.1 收集车辆配置

（1）村庄的生活垃圾宜采用小型电动车（桶装车）方式将各农户的生活垃圾收集到垃圾容器间（垃圾房）或垃圾收集站。依照生活垃圾产生量和收运距离相应配置小型电动车，机动收集车辆数量的计算公式如下：

$$收集车辆数目 = \frac{日均垃圾清运量}{车辆载荷 \times 清洁频率 \times 装载系数}$$

式中，装载系数可取 0.85~0.95。

（2）垃圾收集车除应满足密闭运输的基本要求外，还应符合节能减排、低噪、防治二次污染等整体性能要求。

4.4.4.2 收集站设施设备

（1）生活垃圾收集站设施设备的配置应遵循高效、环保、节能、安全、卫生等原则。

（2）同一区内的垃圾收集站设施宜统筹规划建设，宜选用统一型号、规格的机械设备等。

（3）按日有效运行时间和高峰时段垃圾量综合考虑收集站机械设备的工作能力，并使其与收集站工艺单元的设计规模（t/d）相匹配，保证其可靠的运输能力并留有调整余地。

4.4.4.3　运输车辆及集装箱

（1）垃圾收集站均应依据作业工艺要求及特点采用相应的运输方式及集装箱。

（2）应依据垃圾集装箱的类型和规模选择匹配的运输车辆。将垃圾运往末端处理设施的运输车辆额定载荷不宜小于5t。

4.4.4.4　污染控制、安全生产与劳动卫生

（1）垃圾收集站应通过合理布置建（构）筑物、设置绿化隔离带、配备污染防治设施和设备等措施，对收运过程产生的二次污染进行有效防治。

（2）垃圾收集站（点）应保持其构筑物完好，地面平整，不应残留垃圾、积水；收集车（容器）完好，严禁洒落垃圾、滴漏污水。

（3）应结合垃圾收集工位的工艺设计，在垃圾收集站卸装垃圾等关键位置配备通风、降尘、除臭等装置或采取相应措施。

（4）收集运输车辆必须有良好的整体密封性能。

（5）收集车在作业过程中，应采取合理有效措施，减轻收集车辆产生的噪声对周围生活环境的影响。

（6）收集站应采取必要的减振、隔音等措施，噪声控制应符合现行国家标准《声环境质量标准》（GB 3096）的规定。

（7）收集站中产生的污水宜直接排入市政污水管网。不能排入污水管网的，站内应设置污水收集装置。

（8）垃圾收集运输设施设备及运行的安全卫生措施应符合现行国家标准《生产过程安全卫生要求总则》（GB 12801）和《建设项目（工程）劳动安全卫生监察规定》的要求。

（9）垃圾收集设施的卸料平台等重要和危险位置应按《安全色和安全标志》（GB/T 2893）的要求设立醒目的安全或警示标牌或标志。

（10）垃圾收集站宜设置作业人员更衣、洗手或工具存放的专用场所。

（11）垃圾收集作业人员上岗应穿戴（佩戴）劳动保护用具、用品。

（12）收集站内应做好卫生防疫工作，应设置蚊蝇鼠消杀装置并定期对蚊蝇鼠进行消杀。

上海市农村生活垃圾 分类管理机制

5.1 垃圾分类管理情况

2017 年 6 月，住建部在全国 100 个县（市、区）开展第一批农村生活垃圾分类和资源化利用示范工作（建办村函〔2017〕390 号），通知要求开展示范的县（市、区）要在 2017 年确定符合本地实际的农村生活垃圾分类方法，并在半数以上乡镇进行全镇试点，两年内实现农村生活垃圾分类覆盖所有乡镇和 80% 以上的行政村，并在经费筹集、日常管理、宣传教育等方面建立长效机制。上海市的松江区、奉贤区和崇明区入选示范名单，并通过开展垃圾分类全覆盖工作，推进农村生活垃圾长效治理。

5.1.1 松江区

松江区 7 个涉农镇 77 个行政村全部作为全国垃圾分类示范村。2017 年 7 月 13 日松江区政府召开 7 个涉农镇农村垃圾分类示范区创建推进会，现场参观了泖港和叶榭垃圾分类投放点标准化改造和引入第三方参与废品回收体系特色做法，泖港镇新建村标准化湿垃圾处置站和酵工坊用湿垃圾变废为宝制作酵素，以及叶榭镇大庙村的湿垃圾积肥池添加纳豆菌促进发酵等特色案例。

5.1.1.1 宣传培训

2017 年初，松江区政府召开全区垃圾分类推进会，制定下发年度垃圾分类工作计划、考核办法、奖励方案等一系列政策，明确目标统一思想。按照《2017年松江区生活垃圾分类减量工作考核办法》，对区 18 个街镇（工业区）的 525 个居住区和 77 个行政村共 600 个单元进行考核。区垃圾分类推进办公室委托第三方实施各场所垃圾分类现场实效考核，指导各街镇推动重点工作实施；定期利用垃圾分类动态、松江报专版、微信公众号等媒体扩大宣传，积极开展各类宣传培训等活动，不断提升市民分类意识。各街镇层层落实责任，推进各环节工作，取得了一定的进展。

全区结合推进生活垃圾分类减量工作，引导各涉农镇充分运用各类阵地加大农户宣传，通过发挥志愿者、村干部等宣传和示范作用，培养农户日常村容整洁、垃圾分类、资源回收的主动意识和行为习惯，建立村民自治管理机制，引导组织村民参与村宅环境整治，形成"新农村村容整洁"与"乡风文明"相互促进的良好局面。在市农推办的支持下，2017年7月份，松江区农推办组织对全区涉农街镇社事科长、村主任举办农村生活垃圾治理工作实务培训，提高村镇干部对治理工作及标准的认识。随后，各镇村相继组织保洁员开展宣传教育活动，在村民中广泛开展宣传，组织签订《宅基地环境卫生保洁协议书》，泖港镇将协议书在村民家上墙公示，大大提高了村民的自治意识。

5.1.1.2 设施配置及规范

为规范各街镇"大分流"垃圾堆放转运场所管理，将农村地区垃圾房等中转设施标准化建设作为深入推进垃圾分类减量"末端处置设施标准化建设"项目、实施农村垃圾全面治理的一项重点工作。松江区农业技术推广办公室围绕"选址布局合理、处理工艺规范、内部管理有序、标志标识统一、环境卫生保障"等目标，统一编制标准化建设工作方案，印发《松江区垃圾分类标准化建设设计与应用VIS手册》，指导各镇实施标准化建设，加强"大分流"垃圾转运处置点规范管理；对农村垃圾房统一标识，完善制度，营造宣传氛围，设施面貌焕然一新，为新农村村容环境增添了亮丽色彩。

同时，着力建设废品回收"小区有回收网点""公共部位有交投站""镇中有中转站"的废品回收体系，推进废品回收体系建设和"两网融合"工作。2017年已新建废品公共交投站28个，中转站建成14个。

5.1.1.3 湿垃圾处理

按照全市"一主多点、就地消纳、区域共享"的生活垃圾处置格局要求，松江区于2013年提出了全区"一镇一站、一村多点"的湿垃圾处置模式，在叶榭镇"湿垃圾好氧堆肥""农村有机垃圾积肥还田"两种模式成功试点的基础上不断探索，形成松江湿垃圾处置一大特色。各街镇按照"就地就近"的原则自行处理湿垃圾，加大处置能力建设。一是购置30台小型生化处理机，就地消纳机关单位食堂、农贸市场湿垃圾，从源头上减量；二是建设镇级处置设施，九亭、佘山、叶榭、车墩等镇建成20~30t/d的湿垃圾生化处理站，就近集中处置湿垃圾；三是农村地区推广叶榭大庙村模式，建设近300个小型积肥池，有机垃圾积肥还田。全区湿垃圾日处置量由2012年底的40多吨提升到目前的200多吨。

5.1.1.4 案例——泖港镇新建村

泖港镇全面推行农村生活垃圾分类投放、收集、运输、处理工作一体化模式，在全镇18个村（居）推行上海市农村垃圾分类示范村创建工作。新建村目前是全镇典型，垃圾分类配套设备设施包括：

（1）分类垃圾桶。每家每户配置 2 个分类垃圾桶，棕褐色为湿垃圾收集桶，黑色为干垃圾收集桶，统一放置于前院路边。

（2）垃圾分类收集。新建村垃圾采取保洁员上门收集的方式。全村有 4 名保洁员，每名保洁员大约负责 240 户居民的垃圾收运。

（3）湿垃圾资源化处置站。新建村湿垃圾处置站自 2016 年开始建设，2017年 6 月正式投运。设备设计规模 2t/d，实际进料一般 1～1.5t/d，运行温度约70℃，处理周期 3～4d，出料比例 8%，出料送给周边居民养花。

新建村湿垃圾资源化处置站如图 5-1 所示。

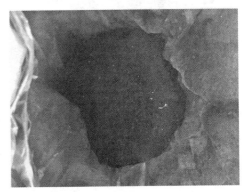

图 5-1　新建村湿垃圾资源化处置站

（4）再生资源交投站。目前该站具有回收再生资源和宣传绿色账户 2 个功能：

1）居民将垃圾分类打包后，在规定时间将可回收垃圾送至再生资源交投站（图 5-2）进行售卖，售卖价格由第三方公司按照市场价格制定。交投站的再生资源积累至一定量后统一收运，直接送往利用终端，并且可以采用微信预约等功能。

图 5-2　新建村再生资源交投站

2）绿色账户的宣传介绍、积分兑换。居民可根据自己的绿色账户积分，在此处兑换相应的礼品。

（5）酵工坊。居民可自带新鲜湿垃圾和容器于每周五 9：00~11：00 到酵工坊（图 5-3）兑换环保酵素。环保酵素由糖、水、湿垃圾按照一定的比例配制后发酵而成，可用于家具清洁、个人清洁、宠物保养等。现场展示有厨余垃圾酵素、玫瑰花酵素、无患子酵素等各种酵素，以及酵工坊各类活动的照片。

5.1.2　奉贤区

针对垃圾分类，奉贤区落实三个"统一"："统一的分类模式、统一分类配置、统一考评验收标准"。截至 2017 年 10 月，奉贤区 156 个村基本达到生活垃圾分类和资源化利用示范村的标准，街镇的覆盖率达到 100%，行政村的覆盖率达到 100%，合格率达到 100%。

图 5-3　新建村酵工坊

5.1.2.1　宣传培训

区文明办充分利用各级"道德讲堂""文明大讲坛""三校一堂"等市民教育平台,广泛开展垃圾分类减量宣传教育工作;将垃圾分类减量宣讲纳入"齐贤修身"——市民修身大培训活动序列;依托"贤城说事""今日奉贤""奉贤微报"等新媒体资源,创意开设"垃圾分类减量进行时"等市民宣传及互动平台,常态宣传垃圾分类减量知识;同时将垃圾分类减量纳入文明城区创建工作重点。区妇联以社区家庭文明建设指导服务中心、妇女之家、家长学校为阵地,以群众艺术为载体,弘扬低碳生活理念。区教育局研究学科渗透垃圾分类知识,将垃圾分类知识融入课堂教学、环境教育和德育活动中;结合分类减量主题,开展宣传教育活动。

通过多形式、多层次、流动与固定相结合的宣传方式,营造浓厚的社会氛围:

一是利用户外宣传,发放分类宣传手册 16 万份、海报 6 万份,制作专题宣传片 1 部,发布候车厅广告 80 处,行道旗广告 500 处,屋顶广告 4 处。

二是利用主题宣传,结合全国文明城区、国家园林城区、"生态村组、和美宅基"等创建活动,广泛发动社会各界参与生活分类减量工作,组建了 60 名大学生、8 名成校老师组成的宣讲团,不间断"进学校、进社区、进农村、进企业、进机关"宣传,截至目前宣传培训 680 多次。

三是利用媒体宣传,利用奉贤两台、两报、一网媒体进行宣传,奉贤电视台及奉贤广播台滚动播出和播报垃圾公益广告,进行舆论引导;奉贤微报、爱看奉贤、微奉贤、奉贤全知道等公众微信号,重点宣传各项农村垃圾分类措施、主题活动、工作成效,截至 2016 年已在奉贤报刊登 5 次,电视台专题报道 3 次,网上答题、征文各一次,微信推送 8 次,吸引粉丝量 60 多万人。

5.1.2.2 设施配置及规范

依托"大分流"系统，对全区的装修垃圾、建筑垃圾、餐厨垃圾、绿化垃圾、大件垃圾、水生垃圾、农业垃圾、工业垃圾等进行合理分类、收运、处置，拟新建分拣点250座，大件垃圾处置点3处，新增分类转运车388辆，分类手推车1024辆。截至2017年10月，全区已建设分拣点228座，购置分类转运车275辆，分类手推车1027辆，240升分类垃圾桶12675只，发放农村住户分类桶234090万只。156个村基本达到生活垃圾分类和资源化利用示范村的标准，街镇的覆盖率达到100%，行政村的覆盖率达到100%，合格率达到100%。

5.1.2.3 湿垃圾处理

为全面推进农村生活垃圾全覆盖工作，参照金华模式，农村地区积极落实生活垃圾上门收集，湿垃圾利用粉碎、发酵、分解等农业技术将有机物部分和农村作物垃圾转变为肥料，退耕还田，实现资源化循环利用。全区156套湿垃圾消纳设施已全部到位使用，额定处置量可达780t/d，基本保证每村一点。同时，将水生垃圾也一并纳入到该资源化处置环节。借助这类设备，与农村分类工作相结合，将农村秸秆、蔬果瓜皮等垃圾就近处理，实现农村垃圾的资源化利用，做到农村垃圾不出村。

5.1.2.4 案例——南桥镇华严村

（1）设施配置。政府发放干湿分类桶（各40L，或者干垃圾40L+湿垃圾20L）（图5-4）。

图5-4 华严村干湿分类垃圾桶

（2）收运模式。保洁员上门收集，分的不好的会拒收，同时会对分类情况打分，学习金华模式，制作"笑脸墙"。

5.1.3　崇明区

2017年6月27日崇明区委、区政府在横沙召开全域推进生活垃圾分类减量工作现场会，崇明区全面推进垃圾分类。截至2017年11月，各项工作已取得显著成效。

5.1.3.1　宣传培训

自垃圾分类工作开展以来，推进办利用电视报纸、微信公众号、学校拓展类课程等各类途径和假日学校、道德讲堂、睦邻点等各类精神文明宣传阵地，广泛开展各类宣传活动，营造积极的社会氛围。同时，分级组织乡镇市容管理人员、村居委主任、楼组长、业主代表、居民代表、垃圾分类员、管理员和志愿者队伍参加教育培训，由点及面进行政策普及。鼓励各村委或村民小组制定相关村规民约，并将生活垃圾分类减量要求纳入文明村、文明小区、文明校园、文明家庭等创建标准。目前共培训468批（次），发放宣传告知书934826张，培训村（居）以上管理人员9854人（次），垃圾收集员7326人（次），培训村（居）民923400人（次）。

5.1.3.2　设施配置及规范

全区计划推进垃圾分类减量工作的336个村居中共有310个村居已完成分类设施配置工作，占总数的92.26%。全区18个乡镇中8个乡镇做到生活垃圾分类全覆盖，占总数的44%。

全区计划新改建的533座垃圾房中共有280个已完成施工，占总数的53%，大多数乡镇的垃圾房正在新建或改造过程中，预计至2016年12月中旬可完成总量的90%左右。

5.1.3.3　湿垃圾处理

按照联建或独立建设的方式布局湿垃圾处置点（生活垃圾+农林垃圾沤肥池，沤肥池设计如图5-5所示）。计划建设的末端湿垃圾处置点中，陈家镇瀛东村、堡镇米行村已完成建设并装配设备投入使用，其余25个湿垃圾末端处置站点中，17个正在建设中，8个处于待建状态。

5.1.3.4　案例——竖新镇仙桥村

竖新镇仙桥村于2015年底开始推行垃圾分类，全村每家每户下发干湿两个垃圾桶，保洁员上门收集垃圾。仙桥村湿垃圾处理示范点（图5-5）于2016年4月开始正式建成投入运行。站点位于仙桥村农田种植区域，处理能力5t/d，占地约60m³。投加原料主要以农作物秸秆、藤条和稻草为主，厨余垃圾较少。发酵后的沼液和沼渣可以投入周边农田进行肥料灌溉。

图5-5 仙桥村垃圾分类桶及湿垃圾处理站点

5.2 农村垃圾治理长效管理机制

5.2.1 顶层设计

5.2.1.1 构建多部门共管格局

根据上海市农村生活垃圾治理推进办公室（简称"市农推办"）要求，在区垃圾分类减量工作领导小组办公室增设区级农村生活垃圾治理推进办公室（简称"区农推办"），由区绿化市容局、建管委、农委、经委、环保局、财政局、文明办、妇联、爱卫办等部门组成；各涉农镇实行"一把手"负责制，切实形成领导有力、分工明确、合力推进的良好局面。

5.2.1.2　建立目标规划引领机制

2016 年，松江在总结和巩固生活垃圾治理城乡一体化成果的基础上，重新定位、研究，提出了"十三五"期间实现"五化目标"，推进"四项工程"的工作思路。即围绕环卫设施标准化、保洁作业规范化、源头分类特色化、村宅管理自治化、垃圾处理资源化的农村环境管理"五化"目标，重点推进完成一批农村厕所新建改造任务，启动农村垃圾房标准化建设，推进湿垃圾处置"一村多点"微循环、积肥还田不出村计划落地、完善农村垃圾治理分类分流管理体系、探索资源回收"两网协同"向农村延伸等"四项工程"，确保农村生活垃圾治理常态长效。

5.2.2　基层管理

5.2.2.1　建立健全基层管理网格

各镇按照"合理区划、网格管理、定人定责、层层督查"的工作原则，划分保洁责任区域，落实保洁人员和监督管理人员，实行定人员、定职责、定地段、定时段的"四定"保洁管理责任制，建立健全网格化管理工作机制，实现农村环境治理工作规范化、制度化、常态化。例如，泖港镇依托网格化管理优势，将 108 个环境责任网格调整优化为 80 个，细化保洁员、巡查员工作职责。

5.2.2.2　促进源头治理村民自治

通过在村民家外墙张贴公示的形式，并组织志愿者、指导员、监督员开展入户宣传、操作演示、监督指导等工作，培养农户日常村容整洁、垃圾分类、资源回收的主动意识和行为习惯，引导组织村民参与村宅环境整治，建立起村民自治管理机制，形成"新农村村容整洁"与"乡风文明"相互促进的良好局面。在推进垃圾分类源头投放过程中，组织保洁员、回收员等队伍上门收集、规范分类，进一步完善"小桶换大桶、垃圾不落地"的收集模式和"户集、村收、镇运、区处"的生活垃圾收运体系。例如，松江区注意总结推广泖港镇"志愿者、保洁员、监督员、指导员、回收员"等五支队伍作用的做法，在全面推进农村生活垃圾治理工作中，要求各涉农镇在充分运用各类阵地加大农户宣传的同时，善于发挥"五员队伍"作用，健全村规民约，注重村民自治管理，从而大大提高了村民的自治意识。

5.2.3 保障措施

5.2.3.1 加强监督考核体系建设

松江区建立了区、镇、村三级日查、月考、季评、年度综合评价、社会监督员不定期巡查、引入第三方测评、市民满意度评价等多元化的考核评价机制，实现全区环境卫生质量监督"全方位、全天候、全覆盖"。

奉贤区建立了领导划片包干制度（区绿化市容局3名副局长划片包干）、点评例会制度（每双周一次）、联络员督导制度（每周至少下镇督促指导）、第三方考评公示制度（每月一次）、"荣辱榜"公示制度（每月公示《保洁员评比排行榜》和《农户分类排行榜》）等制度。

5.2.3.2 加强经费保障体系建设

松江区以实际户数为基础，每150户及以下配备1名保洁员，建立稳定的保洁队伍并落实经费保障，确保保洁员基本报酬增长率不低于全市平均水平；并且明确了针对农村生活垃圾治理，每个行政村10万元的区财政补贴资金保障。

奉贤区建立了农村生活垃圾分类减量投入制度，区财政每年投入2000万元用于农村生活垃圾分类减量工作的补贴奖励，各街镇、开发区、社区按3：7配套。经费按照"财政奖补"与"单位筹集（企业、个体经营户等）"相结合的原则筹集，用于全区农村生活垃圾分类工作的考核奖励。"财政奖补"资金按每人每年90元列入财政预算。"单位筹集（含企业、个体经营户）"综合经营类别、规模大小等因素，向企业、个体经营户额外收缴一定垃圾清运费，具体标准由属地政府自行制定。

5.2.4 主要经验

经过长期努力和近年的强化突击，上海市农村垃圾治理成效显著。松江区、奉贤区、崇明区的农村垃圾治理主要经验如下：

（1）《上海市村容环境建设管理导则（试行）》对保洁员配备制定了基本要求，按自然村落（按50户农户计算）、居民点（按200户农户计算）、流动人口集中居住地（按300人左右计算）配备保洁员（1名）或采用政府采购服务方式。目前各区基本通过村委会聘任、保洁服务社招聘、物业聘请等方式，达到甚至超过了标准要求。

（2）依托干湿分类推进农村垃圾治理工作，树立居民自我约束理念，成效显著。农村垃圾由于多数采用保洁员上门收集方式，在保洁员工作到位的情况下，配套适当的奖惩机制，垃圾分类工作较城市更容易开展。

（3）分类垃圾处理设施建设到位，各类垃圾得到合规处理。湿垃圾通过生化处理机、沤肥池、与农业垃圾联合处理等方式，实现了就地资源化处理；干垃圾集中收运至区属垃圾处理设施集中焚烧处理。

（4）通过构建多部门共管格局、建立目标规划引领机制、建立健全网格化管理、促进源头治理村民自治、建立多级监督考核体系、落实区级财政补贴及各级财务保障，建立农村垃圾治理长效管理机制。

5.2.5　对策建议

较城市地区而言，农村人口密度较低、个体间认知度较高，垃圾分类作为一项以个体行为习惯塑造为主的系统的社会工程，在农村推行时有一定的优势。上海市可以依托美丽宜居乡村的建设，由易至难，加强农村垃圾分类工作的推进，在分类效果上实现"农村包围城市"，把上海农村打造为上海市垃圾分类的第一阵营。

（1）规范上海市农村湿垃圾处理设施的建设和运营。目前上海市很多郊区已按照湿垃圾不出村的思路，通过湿垃圾专项处理或与农业垃圾联合处理的方式，建成了许多湿垃圾就地资源化处理设施，包括生化处理机、阳光沤肥池、地下沤肥池、酵工坊等多种形式。随着湿垃圾设施数量和处理能力的增加，市绿化市容局和废管处有必要对各类设施的建设运营、污染排放、资源利用情况进行跟踪监测，通过摸底、总结，进一步出台相关导则，引导上海市农村湿垃圾处理设施规范运行。

（2）依托绿色账户，加强两网协同在农村地区的推进。上海市农村地区的分类垃圾基本采用上门收集的方式，保洁员可以现场对湿垃圾进行监督检查、保障分类效果，配合"笑脸墙"等荣辱机制，农村地区湿垃圾的分类较有保障。目前农村地区低值可回收物的回收率较低，在农村地区推行绿色账户，可以考虑增加低值可回收物的积分功能，且将激励重点从湿垃圾适当往低值可回收物偏移。可参考松江再生资源交投站经验，设置同时具有回收再生资源、宣传绿色账户、兑换绿色账户积分的站点。

（3）加强有害垃圾的分类指导和收运处体系建设。有条件的农村地区可以试行有害垃圾（电池、农药瓶、过期药品等）单独收集、专项处理；暂时不具备条件的地区应当加强对该类垃圾危害性的宣传，保证该类垃圾可以进入环卫收运体系，随干垃圾处理体系得到规范化处理。

5.3　长效管理机制建议

（1）加强宣传教育，营造分类氛围。垃圾分类减量是一项长期的系统工程，宣传工作要打"持久战"。应依托村委会、保洁员、志愿者等群体，定期在农村进行垃圾分类和农村垃圾治理相关教育，由点及面，由浅到深，加强宣传力度，营造浓厚氛围。

党员干部、领导干部应先行先做，起好带头作用，主动实行生活垃圾日常分类，让民众实实在在看得见垃圾分类工作在行动，全面推进垃圾分类工作有效实施。

（2）完善监管考核与村民自治的管理体系。建立区—镇—村三级评价、社会监管、第三方测评等多元化考核评价机制，完善农村垃圾治理监管考核体系，保证农村环境卫生质量监督"全方位、全天候、全覆盖"。

通过优秀家庭评定等荣辱机制建设，以及美丽宜居乡村宣传，激发村民自治的意识，探索农村生活垃圾治理模式从"他治"向"自治"转变，全面提升农村垃圾治理。

（3）提高垃圾分类科技管理水平。通过智能回收系统、自动积分设备、信息化管理平台的研发使用，提高垃圾分类绿色账户积分、资源回收、监督考核等方面的管理效率和质量，促进垃圾分类长期可持续发展。

参 考 文 献

[1] 韩智勇,费勇强,刘丹,等.中国农村生活垃圾的产生量与物理特性分析及处理建议[J].农业工程学报,2017,33(15):1-14.

[2] 李志龙.我国典型村镇生活垃圾产生特征及处置模式研究[D].南昌:南昌大学,2016.

[3] 姚伟,曲晓光,李洪兴,等.我国农村垃圾产生量及垃圾收集处理现状[J].环境与健康杂志,2009,26(1):10-12.

[4] 陈昆柏,何闪英,冯华军.浙江省农村生活垃圾特性研究[J].能源工程,2010(1):39-43.

[5] 王涛,史晓燕,刘足根,等.东江源沿江村镇生活垃圾物理特性分析[J].农业资源与环境学报,2014(3):285-289.

[6] 韩智勇,梅自力,税云会,等.云贵高原农村地区生活垃圾特性与管理分析[J].农业环境科学学报,2013,32(12):2495-2501.

[7] 张爱平,李民,陈炜鸣,等.成都周边农村生活垃圾的特性、村民意识与处置模式研究[J].环境污染与防治,2017,39(3):307-313.

[8] 岳波,张志彬,孙英杰,等.我国农村生活垃圾的产生特征研究[J].环境科学与技术,2014(6):129-134.

[9] 李志龙.我国典型村镇生活垃圾产生特征及处置模式研究[D].南昌:南昌大学,2016.

[10] 王晓漩,杜欢,王倩倩,等.河北省平原地区农村垃圾现状调查及处理模式探究[J].绿色科技,2015(12):215-218.

[11] 张照录,孟庆梅,季玮,等.淄博市农村生活垃圾污染现状调查与特性分析[J].湖北农业科学,2017,56(5):845-847.

[12] 陈昆柏,何闪英,冯华军.浙江省农村生活垃圾特性研究[J].能源工程,2010(1):39-43.

[13] 周靖承.基于地理单元的生活垃圾收运系统优化研究[D].武汉:华中科技大学,2014.

[14] 尚广俊.基于规划视角的村镇固体废弃物和农村生活污水治理研究[D].郑州:河南农业大学,2010.

[15] 刘长玮.城市生活垃圾收运系统优化模型及其应用研究[D].重庆:重庆大学,2007.

[16] 李倩茜,马慧民,陈一军,等.村镇生活垃圾中转站选址优化研究[J].环境卫生工程,2017(1):66-69.

[17] 季飞.农村生活垃圾收运系统选址与周期性运输方案研究[D].曲阜:曲阜师范大学,2015.

[18] 黎磊.村镇生活垃圾收运系统研究[D].武汉:华中科技大学,2009.

[19] 张黎.基于城乡生活垃圾统筹处理的转运模式优化研究[D].武汉:华中科技大学,2011.

[20] 张金风.多目标进化算法在垃圾收运系统中的应用[J].广东工业大学学报,2011(2):76-80.

[21] 雷悦,杨若凡,马慧民.垃圾收运路线问题的蜂群优化算法研究[J].计算机仿真,

2014（9）：441-444.

［22］银建霞．人工蜂群算法的研究及其应用［D］．西安：西安电子科技大学，2012.

［23］庄宁，李伟，黄思桂，等．医院医疗服务效率测量方法应用评价［J］．中国卫生资源，2001（3）：124-127.

［24］戴迎春．村镇生活垃圾源头分类减量模式探讨——以上海市为例［J］．环境卫生工程，2017，25（1）：57-61.

［25］郑莹莹，周锐，王新军．基于 DEA-Tobit 两阶段法的上海浦东新区垃圾转运效率及其影响因素［J］．生态与农村环境学报，2015（3）：308-313.

［26］林晓东．垃圾收运系统绩效评估模型及其应用研究［D］．重庆：重庆大学，2009.

［27］杨列，陈朱蕾，史波芬．国外农村垃圾治理综述与思考［J］．中国城市环境卫生协会 2009 年会，2009.

［28］卢金涛．农村生活污水与垃圾调查及其处理技术选择——以垫江县长大村为例［D］．重庆：重庆大学，2012.

［29］聂二旗，郑国砥，高定．中国西部农村生活垃圾处理现状及对策分析［J］．生态与农村环境学报，2017（10）：882-889.

［30］张照录，孟庆梅，季玮．淄博市农村生活垃圾污染现状调查与特性分析［J］．湖北农业科学报，2017（5）：845-847.

［31］谭和平，胡建平，吴冰思．上海村镇生活垃圾分类收集模式与配套设施设置初探［J］．环境卫生工程，2015（5）：57-59.

［32］马津麟．生活垃圾和医疗垃圾混烧研究［J］．中国环保产业，2013（12）：13-20.

［33］曾现来，张增强，刘晓红．城市生活垃圾中各成分的权重模型的建立及验证［J］．农业环境科学学报，2004（4）：774-776.

［34］晏卓逸，岳波，靳琪．我国南方村镇生活垃圾组分热值特征及焚烧处置潜力分析［J］．环境卫生工程，2017（4）：19-22.

［35］王涛，史晓燕，刘足根．东江源沿江村镇生活垃圾物理特性分析［J］．农业资源与环境学报，2014（3）：285-289.

［36］谢文理，傅大放，邹路易．分类收集对城市生活垃圾收运效率的影响分析［J］．环境卫生工程，2008（3）：41-43.

［37］毕珠洁．我国村镇生活垃圾处理系统调研的样本设计研究［J］．环境卫生工程，2017（2）：39-43.

［38］刘玲，彭海英，童绍玉．中国城乡一体化研究综述［J］．农村经济与科技，2015（11）：177-179.

［39］许碧君，张益，邸俊．农村生活垃圾治理进展概述［J］．环境卫生工程，2016（5）：12-14.